张法坤◎主编

到其他
DAOQITAXINGQIU
QULVXING
星球去旅行

北方妇女儿童出版社

图书在版编目（CIP）数据

到其他星球去旅行 / 张法坤主编 . — 长春：
北方妇女儿童出版社，2012.11（2021.3 重印）
（畅游天文世界）
ISBN 978 - 7 - 5385 - 7043 - 4

Ⅰ . ①到… Ⅱ . ①张… Ⅲ . ①宇宙 – 青年读物②宇宙
– 少年读物 Ⅳ . ①P159 – 49

中国版本图书馆 CIP 数据核字（2012）第 259080 号

到其他星球去旅行

DAOQITAXINGQIUQULÜXING

出 版 人　李文学
责任编辑　赵　凯
装帧设计　王　璿
开　　本　720mm×1000mm　1/16
印　　张　12
字　　数　140 千字
版　　次　2012 年 11 月第 1 版
印　　次　2021 年 3 月第 3 次印刷
印　　刷　汇昌印刷（天津）有限公司
出　　版　北方妇女儿童出版社
发　　行　北方妇女儿童出版社
地　　址　长春市福祉大路 5788 号
电　　话　总编办：0431-81629600

定　　价　23.80 元

前　言
PREFACE

千百年来，人们经过不断求索，更随着近现代科学技术的迅猛发展，人类对宇宙的认识日渐深入，"宇宙"之谜正在逐步破解。基于让读者了解宇宙知识，尤其是让青少年读者了解宇宙知识的良好愿望，我们结合天文学研究的最新成果，精心编撰了此书。

本书详细介绍了人类目前掌握的宇宙探测工具和星球间的交通工具，以及月球、太阳、太阳系八大行星、银河系和河外星系的天文知识。曾有人形象地把我们居住的太阳系比作卧室，把银河系比作客厅，把河外星系比作院子，就目前来讲，人类已经望向了院子。在广阔无垠的宇宙里，银河系只不过是宇宙里众多星系中的一个，而银河系本身是由 1000 亿 ~ 2000 多亿个太阳系这样的恒星系组成的，其形状有如运动员投掷的铁饼，中间厚而四周薄，中央核球稍带棒形。它的直径是 12 万光年，也就是说，以每秒 30 万千米的光速要走 12 万年！由此看来，我们居住的地球，在宇宙这个大海中不过是"沧海一粟"。

不管宇宙如何浩大，人类的认知能力是无限的。在地球上生活的人类，凭借他们的智慧和力量，却看到离我们 100 亿光年的星系。本书将带领读者漫步烟繁浩渺的宇宙空间，穿越星球看繁星点点，约会星系体味宇宙星体的万千变化。让我们求知的光芒，打开宇宙那不为人知的世界。

仰望星空，那晶莹的星辰在银河中闪耀。那不染纤尘的星空里，有着我们美丽的梦想……

Contents
目 录

太阳是一个炽热的火球

遨游太阳系的八大行星

探望银河系的知名星座

河外星系理论

认识宇宙

从远古时代起，人类就对浩瀚的宇宙充满了好奇和迷惘，曾编绘出无数美妙的传说，至今还在流传。我国远古时代，通晓天文的官员深得君王信任，在朝中执掌重权，从中可以看出历代君王对宇宙世界的重视。随着现代科技的不断发展，人类对宇宙的认识日渐深入。本章开启我们的宇宙之旅。

浩瀚的宇宙

人类经过很长时间的探索才认识到我们脚下的大地是个球体。大地这个球体该放在宇宙的什么地方呢？开始人们把它放在了宇宙的中心。后来，有个叫帕拉多喜的人发现天上的星星有一些在动，人们管它们叫行星，与之相应，不动的星星便叫恒星。于是人们就说，天上的月亮、太阳、行星及所有恒星都绕着地球做圆周轨道运动。托勒密第一个用数学方法确定了地球与行星的关系，给古希腊人心目中的宇宙图景做出了定量的描绘。这个图景后来成了基督教神学的理论基础。直至 1543 年哥白尼出版《天体运行论》，才把地球从宇宙中心移开。在哥白尼的体系中，地球不再是宇宙的中心，而是与其他行星一样沿正圆形轨道绕太阳旋转。

17 世纪之前，人们一直都是凭借肉眼来观察天象，并借助一些简单的度量仪器来研究天体，主要是太阳、月球和可以用肉眼看到的五大行星。我国先人用他们所熟知的金木水火土五行，古希腊、古罗马人用他们熟悉

的神来给这些行星起了名字。1610 年，伽利略发明了天文望远镜，从而拓宽了人们的视野，看到了用肉眼无法看到的新的宇宙图景。这个时候，人们才发现我们所在的太阳系，只是宇宙的一分子。

从 18 世纪到 19 世纪上半叶是近代天文学大发展的时期，这时期建立了完整的大行星、地球和彗星运动理论，发现了一些新的行星、行星的卫星和小行星，并且把观察的视野从太阳系扩展到了银河系的其他恒星系。19 世纪下半叶，天文学家将当时物理学中的一些新的理论和方法引入到天体研究中，创立了天体物理学，从此开始了现代天文学阶段。

宇 宙

进入 20 世纪之后，无论是天体物理理论，还是天体观测方法都取得了很大的进展。在传统的光学天文学领域，随着反射天文望远镜的出现，一改 19 世纪折射天文望远镜的局限，天文望远镜的口径不断增大。1908 年出现了 1.5 米镜、1918 年出现了 2.5 米镜、1948 年出现了 5 米镜、1976 年出现了 6 米镜，1993 年口径 10 米的巨型天文望远镜问世，使人们的视野进入到更为遥远的宇宙空间。

1932 年，美国工程师央斯基发现了来自银河系中心方向的宇宙无线电波，后来将这种无线电波称为宇宙射线，由此发现了了解宇宙的新途径，并创立了射电天文学。手段的改进是天文学发展的前提，射电望远镜的出现使宇宙全波段地展现在人类的视野中，使人类了解到一些根据可见光无法了解的天体和物质，例如超新星痕迹、类星体、脉冲星、星际分子和微波背景辐射等。

20 世纪 60 年代开始，人类探索宇宙的立足点不再局限于地球，1962 年，美国探空火箭携带 X 射线探测器飞离地球 150 千米，发现了在地球表面无法接收的来自宇宙的强 X 射线，开创了空间天文学时代。1998 年 6 月，美国航天飞机发现者号携带着有中国科学家参与研制的 α 磁谱仪，试

图寻找宇宙中的反物质。

知识点

宇宙

在汉语中，"宇'指无限空间，"宙"指无限时间。最早出自战国时《庄子·齐物论》："旁日月，挟宇宙。"所以"宇宙"这个词有所有的时间和空间的意思。把"宇宙"的概念与时间和空间联系在一起，体现了我国古代人民的独特智慧。

宇宙不仅包含了无边无际的空间，还包括了这空间中存在的各种各样的天体和弥漫物质。是天地万物的总称。它是由物质构成的，又是不断地运动着的。宇宙在时间上是无始无终的。在空间上是无边无垠的。人类对宇宙的认识顺序是从地球到太阳系，再到银河系，进一步到河外星系。宇宙中的天体有各种各样的形态，有着发生、发展和衰亡的过程。但作为总体的宇宙却是永无休止的。如果我们用最大的望远镜，从地球上往空中任何一个方向看去，最远可以看到大约100亿光年的地方。这样一个范围，大致上也就是我们目前可以观测到的宇宙的大小了。地球的半径是6400多千米，地球与太阳的距离大约是15亿千米。而1光年就等于95 000亿千米。100亿光年是多少千米呢？算一下，你就可以知道宇宙是多么巨大了。

延伸阅读

人类早期对地球的认识

远古时代，人们对宇宙结构的认识处于十分幼稚的状态，人们通常按照自己的生活环境对宇宙的构造作了幼稚的推测。

在我国西周时期，生活在华夏大地上的人们提出的早期盖天说认为，天

穹像一口锅，倒扣在平坦的大地上；后来又发展为后期盖天说，认为大地的形状也是拱形的。公元前7世纪，巴比伦人认为，天和地都是拱形的，大地被海洋所环绕，而其中央则是高山。古埃及人把宇宙想象成以天为盒盖、大地为盒底的大盒子，大地的中央则是尼罗河。古印度人想象圆盘形的大地负在几头大象上，而象则站在巨大的龟背上，公元前7世纪末，古希腊的泰勒斯认为，大地是浮在水面上的巨大圆盘，上面笼罩着拱形的天穹。

最早认识到大地是球形的是古希腊人。公元前6世纪，毕达哥拉斯从美学观念出发，认为一切立体图形中最美的是球形，主张天体和我们所居住的大地都是球形的。古希腊著名的科学家、哲学家亚里士多德才第一次对大地是球形作出了论证，他观察天象，从月食时地球在月球上的投影等现象中，推断大地的形状为球形。直到1519—1522年，葡萄牙的麦哲伦率领探险队完成了第一次环球航行后，地球是球形的观点才最终证实。明朝末年，西方传教士利玛窦来到我国，介绍了天文、地理、数学等科学知识，我国才出现"地球"这个译名。

现代随着测量技术的不断进步，特别是人造地球卫星的利用，测得的地球赤道半径为6378千米，极半径为6356千米，两者相差为21千米。如果我们把这个庞大的地球，缩小制成一个直径1米的地球仪，赤道半径只比极半径长1毫米多，这点微小差别，在地球仪上是表示不出来的，所以我们使用的地球仪都还是正圆形的。

关于地球的旋转，公元2世纪，托勒密提出了一个完整的地心说。这一学说认为地球在宇宙的中央安然不动，月亮、太阳和诸行星以及最外层的恒星都在以不同速度绕着地球旋转。地心说曾在欧洲流传了1000多年。1543年，哥白尼提出了日心说，认为太阳位于宇宙中心，而地球则是一颗沿圆轨道绕太阳公转的普通星球。

宇宙的起源

宇宙是如何起源的，这是人类一直探索的奥妙。在很久以前，我国就有盘古开天辟地的神话传说。

相传，天地本来是黑暗混沌的一团，好像一个大鸡蛋。盘古就孕育在中间，过了一万八千年，突然山崩地裂一声巨响，大鸡蛋裂开了。其中一些重而浊的东西渐渐下降变成为地，轻而清的东西冉冉上升，变成了天。混沌不分的天地被盘古分开了，他手托着天，脚踏着地。他发出的声音变成了隆隆的雷霆，他呼出的气变成了风云，他的左眼变成了太阳，右眼变成了月亮，他的身躯和四肢变成了大地的四极和五岳，他的血液变成了江河湖泊。筋脉变成了大陆，齿骨变成了矿物，皮毛变成了草木。

传说虽然美丽，但终归是传说。科学家为了揭开宇宙起源之谜，进行了大量的科学研究，相继提出了星云说、稳恒态宇宙理论、"大爆炸"理论等假说。在这些形形色色的观点中，最被世人所接受的是"大爆炸"理论。

1932年，比利时天文学家勒梅特首次提出了现代宇宙大爆炸理论。该理论认为宇宙在诞生前，所有的物质都高度密集在一个点上。这个点有着极高的温度，大概在150亿年前，它发生了大爆炸，碎片向四面八方散开。此后，物质开始向外大膨胀，先后诞生了星系团、星系、我们的银河系、恒星、太阳系、行星、卫星等，并生成了化学元素。今天，我们看见的和看不见的一切天体和宇宙物质，都是在这一演变过程中诞生的。

人们又是怎样推测出这场宇宙大爆炸的呢？这就要依赖天文学家的观测和研究了。他们发现银河系附近的星系都在远离我们而去，离我们越远的星系，飞奔的速度越快。对此，人们开始反思，如果把这些向四面八方远离的星系的运动倒过来看，它们可能当初是从同一源头发射出去的，这是不是就证明宇宙之初发生过一次难以想象的宇宙大爆炸呢？

1965年，美国天文学家彭齐亚斯和威尔逊发现了宇宙背景辐射，后来他们证实宇宙背景辐射是宇宙大爆炸时留下的遗迹，从而为宇宙大爆炸理论提供了重要的依据。他们也因此获得了1978年诺贝尔奖学金。但什么是宇宙背景辐射呢？

宇宙背景辐射指一种充满整个宇宙的电磁辐射，频率属于微波范围。有研究表明，宇宙大爆炸发生后约30万年，遗存的热气体发出的辐射四处穿透，就成为宇宙背景辐射。宇宙背景辐射中包含着比遥远星系和射电源所能提供的更为古老的信息，因此对研究宇宙起源极有帮助。

上世纪80年代，诺贝尔物理奖获得者丁肇中领导的研究小组在瑞士建

造了名为"莱泼"的超级加速器来模拟宇宙爆炸。该加速器周长有 27 千米，它的庞大身躯从邻近瑞士日内瓦的平原，一直延伸到法国紫罗山下，所有的电缆、机器都深埋在地下 50～100 米深处。研究小组将约 10 亿伏特电子输入粒子加速器后，去和同样高压的反电子对撞。这亿分之一秒的撞击，激发出相当于太阳表面温度几百亿倍的高温，模拟了天地初开时那一刹那的"宇宙爆炸"。由此大爆炸宇宙学通过了最严峻的考验。

1989 年 11 月，美国发射了"宇宙背景探测者号"卫星（简称"科勃"），12 月，"科勃"首次探测深空时，证实宇宙始于一次猛烈的大爆炸而均匀扩张并冷却至现在的状态。最近美国宇航局的宇宙背景探测器还发现了宇宙诞生中原始火球的残留物。

大爆炸宇宙论的创立，阐释了宇宙的起源。标志着人类用科学的思辨推开了通向宇宙的门扉，成为人类文明史上的重要里程碑。

知识点 ▶▶▶▶▶

太阳系

由太阳和围绕它运动的天体构成的体系及其所占有的空间区域，称为太阳系。包括由太阳、行星及其卫星与环系、小行星、彗星、流星体和行星际物质所构成的天体系统及其所占有的空间区域。

太阳系是以太阳为中心，和所有受到太阳引力约束的天体的集合体。广义上，太阳系的领域包括太阳、4 颗像地球的内行星、由许多小岩石组成的小行星带、4 颗充满气体的巨大外行星、充满冰冻小岩石等。

延伸阅读

太阳系的特点

太阳系已诞生约 50 亿年了。太阳是中心天体，其他天体都在太阳引力

作用下围绕太阳运动。太阳的体积是八大行星体积总和的600倍，它的质量是八大行星总质量的750倍，占整个太阳系总质量的99.8%。行星和卫星本身一般都不发光，要靠反射太阳光。

　　太阳系最突出的特点是所有行星的轨道几乎都处在太阳的赤道平面（共面性），它们不仅都以同太阳自转相同的方向围绕太阳公转，而且除个别例外实际上也在同一方向上自转（同向性）。1957年第一颗人造卫星上天开创了宇宙航行的时代。上世纪60年代的阿波罗计划把人类首次送上月球，70和80年代"水手号"、"金星号"、"先驱者号"、"海盗号"、"旅行者1，2号"对各大行星的近距观察等等，积累了有关太阳系天体物理性质和化学组成的大量珍贵资料，为人类更深入地认识太阳系的起源和演化奠定了良好的基础。

引领人类探索宇宙的天文台

　　天文台是天文工作者观测星空，从事天文研究工作的地方。天文台上一般都配有各种大型的天文望远镜及其他各式各样的天文仪器，它的主要工作就是观测天体、分析观测资料，利用观测事实来检验理论模型，同时，通过理论来指导实测，从而揭示太空奥秘。为了减少地球大气的干扰，减少灯火噪声干扰，天文台一般都远离闹市，建在山上。

　　天文台具有圆堡形的立体建筑，它们是用来安置和保护天文望远镜的地方。圆堡的顶部有一个长长的天窗，用时打开，不用时关上，还可以随意转动，使望远镜对准天空中任何一个地方。为了防止屋内昼夜温差过大，圆堡的外面都涂了一层银粉漆，可以反射太

紫金山天文台

阳光。

我国有著名的紫金山天文台、北京天文台、上海天文台、云南天文台、陕西天文台和台北市天文台等；世界上有英国皇家格林尼治天文台、美国的海尔天文台、美国莫纳克亚天文台、美国国立天文台、日本飞弹天文台、法国上普罗旺斯天文台等等。

我国是世界上天文学发展较早的国家之一，天文观测具有悠久的历史。相传在夏代就有天文台，那时称"清台"。商代的天文台叫"神台"。到了周代改称为"灵台"。以后，历代天文台又有观象台、观星台、司天台、瞻星台等名称。

早期的天文台既是观测星象的地方，又兼作祭祀活动的场所。古代帝王在这里祀天，同时任命专职人员在这里观测天象，占卜吉凶，编算历书，"敬授民时"。随着社会的发展，祀天和观天逐渐分离，专门从事天文观测的天文台开始逐渐独立出来。由于观测天象与古代农牧业生产活动关系十分密切，司天机构在我国一直受到高度重视。除特殊情况外，历代观象台和观天设备都建设在京城。

我国现在尚存有几处古天文台遗址，其中保存较完好的有河南登封古观星台和北京古观象台。另有洛阳灵台，坐落于河南偃师县，它曾是东汉时期——座规模宏大的天文台。相传著名科学家张衡曾在灵台工作过，不过早已变成废墟。据史书记载，洛阳灵台在全盛时期曾呈现一派繁忙景象。灵台高约 20 米，其台基约 50 米见方。全台有工作人员 43 人，分工极为详细，观测项目应有尽有。因此，汉代时期我国天文学十分发达，在世界上居于领先地位。

登封古观星台坐落在洛阳东 80 多公里远的登封县告成镇，是我国现存最早的天文台建筑。始建于元世祖至元六年（1279 年），距今已有七百多年历史。耸立着的高台和台下的一条长堤恰好组成一具特殊的圭表。高台即为立表，高 9.46 米；长堤相当于土圭，称为量天尺，长 31.19 米，位于正南北向。

北京古观象台在建国门内立交桥西南侧，建于明代正统七年至十一年（1442—1446），历经明清两代，容姿未衰。辛亥革命后，古观象台属于教育部，成为北洋政府时期的中央观象台。从明正统年间到 1929 年止，北京

到其他星球去旅行

古观象台连续观测近500年，创造了连续观测最久的世界纪录。

北京古观象台安装有八件清代制作的天文观测仪器，即天体仪、赤道经纬仪、黄道经纬仪、地平经纬仪、象限仪、纪限仪、地平经纬仪和玑衡抚辰仪，它们以造型美观、雕刻精细、工艺精致而著称于世，1983年4月1日经整修后对外开放接待游人参观。

现代天文台大致可分为，光学天文台：主要装备各光学天文仪器，如光学天文望远镜、太阳镜等，从事方位天文学或天体物理学方面的研究；射电天文台：一般主要由巨型甚至超巨型的无线接受设备和基站等构成，装备射电望远镜，观察的范围更大，受干扰小，从事射电天文学的研究；空间天文台：主要有一些用于空间观测的人造卫星组成，配备非常先进的光学观测系统。

知识点

天体仪

天体仪，古称"浑象"，是我国古代一种用于演示天象的仪器。我国古人很早就会制造这种仪器，它可以用来直观、形象地了解日、月、星辰的相互位置和运动规律，可以说天体仪是现代天球仪的祖先。北京古观象台上安置的天体仪，是我国现存最早的天体仪，制于清康熙年间。

天体仪主要用于黄道、赤道和地平3个坐标系统的相互换算以及演示日、月、星辰在天球上的视位置等。此仪用一个直径为六尺的铜球代表天球，球面上布列着大小不等的镀金铜星1876颗，并把它们分为282个星官。球面上刻有赤道圈，与钢轴垂直。铜球外边南北直立的是子午圈，其上最高点有代表天顶的铜制火球。

延伸阅读

中国科学院国家天文台

中国科学院国家天文台成立于 2001 年 4 月，由中国科学院天文领域原四台三站一中心（北京天文台、上海天文台、紫金山天文台、云南天文台；乌鲁木齐站、长春人卫站和广州人卫站；南京天文仪器中心）撤并整合而成。国家天文台包括总部及 4 个直属单位，分别是：云南天文台、南京天文光学技术研究所、新疆天文台和长春人造卫星观测站。紫金山天文台、上海天文台继续保留院直属事业单位的法人资格，为国家天文台的组成单位。

国家天文台主要从事天文观测和理论以及天文高技术研究，并统筹我国天文学科发展布局、大中型观测设备运行和承担国家大科学工程建设项目，负责科研工作的宏观协调、优化资源和人才配置；重点研究领域有：宇宙大尺度结构、星系形成和演化、天体高能和激发过程、恒星形成和演化、太阳磁活动和日地空间环境、天文地球动力学、太阳系天体和人造天体动力学、空间天文观测手段和空间探测、天文新技术和新方法等。

国家天文台建有光学天文、太阳活动、天文光学技术和天体结构与演化等四个中国科学院重点实验室，并与十几所大学及研究机构建立了紧密合作关系，建立了多个联合研究中心或实验室。

国家天文台办有中文核心期刊《国家天文台台刊》和现代科普刊物《中国国家天文》。

灿烂而短暂的彗星

提到彗星，人们就会想到那种在星空中出现的云雾状天体。有时这种云雾状天体在背着太阳的方向有一条尾巴。这尾巴的长短、形态和亮度各

不相同。彗星尾巴披头散发的外貌，很像一把扫帚。因此，我国民间也把彗星叫扫帚星。由于扫帚星在众星之间没有固定的位置，形态奇特，变化多端，来去匆匆，因此，在有些人的心目中彗星的名声不佳，形象可怕。在希腊语中，彗星就是"头发"的意思。其实，彗星也是太阳家族中的成员，也是绕太阳运动的天体。

彗星是太阳系中的小天体，是一种由尘埃、干冰、气体干冰组成的"脏雪球"。天文学家认为在距太阳 3 万～10 万天文单位存在一个大体为球层状的彗星仓库——奥尔特云，其中的彗星在太阳系外围绕太阳公转，有的彗星受偶尔走近的恒星的引力作用，改变轨道后进入太阳系内部，成为一颗新发现的彗星。彗星本身不发光，只有当它走近太阳，在太阳辐射和太阳风的作用下，表面蒸发出气体和尘埃，气体、尘埃反射太阳光才使彗星发亮。有些彗星的"蒸发物"被太阳辐射压力和太阳风推向背太阳方向，还会形成一条或几条彗尾。

彗星是由彗头和彗尾两大部分组成，彗头又由彗核、彗发和彗云组成。当然，也有的彗星没有彗尾，或没有彗云。彗核是由固态的冰冻团块物质组成，一般体积很小，直径大多在几百米到上百公里，彗核集中了彗星的主要质量。当彗星逐渐接近太阳时，彗核表面的冰冻团块物质在太阳光的加热下，升华为气体和尘埃物质。这些稀薄的气体和尘埃物质就在彗核周围形成云雾状的包层，这就是彗发。彗发比彗核大得多，并随着与太阳的距离变化而变化。一般直径为几万公里。绝大多数彗星在距太阳约 3 亿公里时，彗头的气体和尘埃物质在太阳光辐射压和太阳风的作用下，便被推向背着太阳的方向，这就形成了彗尾。彗尾由气体彗尾和尘埃彗尾两部分组成。

彗 星

彗星距太阳越近，彗尾越长，远离太阳时，彗尾逐渐变短。可见，彗尾的形态变化完全是正常的。

1066年10月，诺曼底公爵威廉进攻英国时，正好遇到哈雷彗星在天空出现。于是，人们便认为是这颗慧星领着日耳曼人进入英国领土并取得胜利的。为此，威廉妻子洋洋得意把这颗彗星形态织在巴耶城的彩绣上，直到今天还保存在博物馆里。而战败的英国却把它当成不祥之兆而将彗星花纹铸在英王王冠上，作为不忘哈斯丁一战参败的耻辱。一直到1664年，当一颗彗星出现时，葡萄牙国王阿尔福斯六世还用手枪向它射击，企图把这个"不祥之物"赶走。这些强加给彗星的莫须有罪名，后来在证实彗星是一种天体后才给予平反。

知识点 >>>>>

天文单位

太阳与我们地球的平均距离约1.5亿千米。光以约30万千米每秒的速度，从太阳上射到地球，历时约需8分钟。天文学家们常常把这段距离当作测量太阳系内空间的一把尺子，即一个单位，这个单位名称叫"天文单位"。例如，水星与太阳的平均距离为0.387个天文单位，木星与太阳的平均距离为5.2个天文单位。

延伸阅读

随月盛衰的海洋潮汐

在月球和太阳引潮力作用下，海洋水面发生周期性涨落的现象。蔚蓝色海洋，烟波浩渺，运动不息。其中最直观的运动形式就是海洋水面按时

涨上来，落下去，落下去，又涨上来，天天如此，这就是人们常说的"大海呼吸"，不过，科学名称叫"海洋潮汐"。

什么力量能使海洋水面涨落呢？我们祖先很早就注意到这种潮汐现象与月球有着密切关系。东汉哲学家王充明确地指出："涛之起也，随月盛衰。"但古人还不知道其中的道理。直到牛顿发明万有引力定律以后，才找到潮汐的原因。

万有引力告诉我们：宇宙中一切物体之间都存在着互相吸引的力量。月球是距离地球最近的天体，它与海水运动关系最大。月球吸引地球，地球拉着月球，它们相互吸引的同时，又各自绕地月系统的质心做圆周运动，于是又产生排斥力。当吸引力大于排斥力，在吸引力作用下，海水便向着月球方向聚集堆积，渐渐升高，形成高潮；在与月球相反的另一面，排斥力大于吸引力，在排斥力的作用下，海水又要向背着月球的方向聚集堆积，也同样形成高潮。至于这相对方向的中间地方，由于海水被两端拉走，就要慢慢降低，形成低潮。这样，海面就变成与鸡蛋一样的椭圆球形。地球每天自转一周，所以在大约一昼夜时间里，海水一般有两次涨潮，两次落潮。

潮汐与人类关系密切，船舶起航和停泊、港口码头建设、渔民出海、海军布雷和登陆等，都要考虑潮汐因素，否则就要误事。不少国家还建设潮汐电站，为人类提供廉价能源。我国大陆海岸线长达 1.8 万多千米，港湾交错，蕴藏的潮力资源极为丰富。据估计可利用的潮力约在 3400 万千瓦以上。其中潮力最大的首推钱塘江。

拓宽宇宙空间的观测仪

天文仪器是观测天体和演示天象的仪器和设备的总称。现代观测天体的天文仪器包括地面和空间的各种望远镜和辐射接收器。演示天象的仪器包括天象仪和行星仪等。

中国是发明天文仪器最早的国家之一，在周代已有测量日影长度和变化的圭表和王制土圭。张衡创制的水运浑天仪是世界上最早的演示天象的

天文仪器。近代和现代天文学中最重要的天文仪器是天文望远镜。

现代天文学探索和研究的对象，除少数太阳系天体之外，绝大多数都是表现为极微弱的宇宙辐射源。采集宇宙辐射的天文仪器称为天文望远镜。天文望远镜的种类很多，按观测波段区分，有光学望远镜、红外望远镜、射电望远镜、紫外望远镜、X射线望远镜和ν射线望远镜。某一波段的望远镜又可按结构或功能的差异分为不同的类型，如光学望远镜中又有折射望远镜、反射望远镜和折反射望远镜；射电望远镜则有单天线射电望远镜、射电干涉仪、综合孔径射电望远镜等。此外，还有各种用途较为专一的特种望远镜，例如太阳磁场望远镜、光谱巡天望远镜等。天文望远镜有两个基本功能，一是聚光或聚波，二是提高分辨能力。聚光本领的大小和聚光面积成正比，即和通光口径的平方成正比。口径越大，聚光本领越强，越能观测到微弱的宇宙辐射源。天文望远镜分辨本领的大小与通光口径也成正比。口径越大，分辨本领越强，越能分辨密集的点源，越能分解面源的细节。天文望远镜聚集的辐射由与望远镜相连接的辐射接收器接收、记录和测量。光学望远镜的辐射接收器最初是人眼，19世纪中叶以后增加了照相底片，20世纪又使用了光电器件等。不同波段和不同类型的天文望远镜所配备的辐射接收器可以有很大的差异。天文望远镜通常采用赤道式装置运载，由机械和电气实现驱动和跟踪。新一代大型望远镜则趋向于采用地平式装置，由计算机控制运行。

在望远镜发明之前，人们只能用肉眼或依靠简单的工具进行天文观测，因而观测视野受到很大的限制。1609年，意大利科学家伽利略用自制的可以放大30倍的望远镜，第一次看到了月球上奇特的环形山，发现了木星的4颗大卫星，观察到了太阳黑子、金星的盈亏变化以及银河中密布的点点繁星等过去从未见到过的奇妙现象。从此，专门用于天文观测的望远镜就很快发展起来。

像普通望远镜一样，天文望远镜能把远处的景物拉到观测者的眼前。天文望远镜比一般望远镜不仅要大得多，而且也精良得多。现代的天文光学望远镜大致可以分为3类：

第一类是折射望远镜。这种望远镜是使用最早的望远镜。它的前端是以一个或一组凸透镜作为物镜，后面是一个目镜。光线从前面进来，从后

端出去。这种单远镜焦距较长，最适宜于天体测量工作。

伽利略 1610 年使用的第一架望远镜，是由双凸透镜作为物镜和双凹透镜作为目镜组成的一台折射望远镜。1610 年，天文学家开普勒提出望远镜的另一种设计方案，改用双凸透镜作为目镜的折射望远镜。这种望远镜使天体射来的光线，通过物镜和目镜的折射形成像。由于单一的透镜和球面镜，不可能消除像差，所以它的成像质量很坏。最初的几架折射望远镜就是这样。差不多经过 100 年的摸索，1947 年，欧拉在理论上证明了制

折射望远镜

造消色差物镜的可能性。多隆得又制造了第一个消色差物镜，才使得制造供实际观测使用的折射望远镜成为可能。折射望远镜有许多优点：如对透镜的弯曲不敏感，镜筒密封，牧镜耐用。而且它的焦距较长，最适合做天体测量工作。当然它也存在着许多缺点，如残余的色差，物镜吸收光，聚光本领小。又由于工业上很难制造巨大的高质量的光学玻璃，磨制技术要求高，成本昂贵。目前世界上最大的一架折射望远镜，口径为 135 厘米，主镜口径为 2 米，安装在德国陶凳堡天台。

第二类是反射望远镜。由于早期的折射单远镜有许多缺陷，看到的景物往往变形，并且在景物周围总有一圈五彩缤纷的色晕，影响观测精度，为了克服这些缺陷，牛顿发明了反射式望远镜。这种望远镜利用反射原理，用凹面镜作为物镜，把来自天体的光线反射、聚集起来，不仅成像质量较高，而且还有镜筒较短、工艺制作较易等优点。因此，现代大型天文望远镜大多属这种类型。目前世界上最大的天文望远镜，要数高加索山上那台口径 6 米和美国帕洛玛山天文台的口径 5.08 米的反射望远镜了。后者的镜头玻璃就有 20 吨重。利用它可以窥见 21 等的暗星。

第三类是折反射望远镜，它是由德国光学家施密特设计出来的。这种

望远镜综合了前两类望远镜的优点，视野宽，光力强，像差小，因而最适合用来研究月球、行星、彗星、星云等有视面的天体。

知识点

红外望远镜

红外望远镜是接收天体的红外辐射的望远镜。外形结构与光学镜大同小异，有的可兼作红外观测和光学观测。但作红外观测时其终端设备与光学观测截然不同，需采用调制技术来抑制背景干扰，并要用干涉法来提高其分辨本领。

红外观测成像也与光学图像大相径庭。由于地球大气对红外线仅有 7 个狭窄的"窗口"，所以红外望远镜常置于高山区域。世界上较好的地面红外望远镜大多集中安装在美国夏威夷的莫纳克亚，是世界红外天文的研究中心。1991 年建成的凯克望远镜是最大的红外望远镜，它的口径为 10 米，可兼作光学、红外两用。

此外还可把红外望远镜装于高空气球上，气球上的红外望远镜的最大口径为 1 米，但效果却可与地面一些口径更大的红外望远镜相当。红外望远镜的样子每个不同，都肯定需要电池，因为物体发出的红外线是看不见的，机器需要在接受到红外后，按照接受到的发出相应的可见光。发光就需要电。红外有很多种，大多数微光夜视仪也有红外功能，它的红外属于短波红外，比可见光长一点，类似遥控器。这种夜视仪设计红外的目的是为了可以用红外照明，这样不容易被发现。

延伸阅读

我国古代天文学家张衡

张衡（78—139），字平子，南阳西鄂（今河南南阳县石桥镇）人。他是

我国东汉时期伟大的天文学家，为我国天文学的发展作出了不可磨灭的贡献。

张衡从小勤奋好学。少年时代，他从一本诗集里读到四句诗，描述了北斗星在各个季节傍晚时的变化："斗柄指东，天下皆春；斗柄指南，天下皆夏；斗柄指西，天下皆秋；斗柄指北，天下皆冬。"他觉得这太有意思了。天上的繁星闪烁，有的像箕，有的像斗，有的像狗，又有的像熊，它们的运行又各有怎样的规律呢？这简直是太美妙了。于是张衡根据诗的内容又参考别的书籍画成了天象图，每夜只要是没有云彩，他就默默地对着天象图仔细观察着夜空。他观察着、记录着、思考着，后来，他终于确认那四句诗里描述得不够准确，事实上斗柄早春指东北，暮春却指东南。

张衡是东汉中期浑天说的代表人物之一，他指出月球本身并不发光，月光其实是日光的反射。他还正确地解释了月食的成因，并且认识到宇宙的无限性和行星运动的快慢与距离地球远近的关系。

张衡观测记录了2500颗恒星，创制了世界上第一架能比较准确地表演天象的漏水转浑天仪，第一架测试地震的仪器——候风地动仪，还制造出了指南车、自动记里鼓车、飞行数里的木鸟等等。张衡共著有科学、哲学、和文学著作32篇，其中天文著作有《灵宪》和《灵宪图》等。

为了纪念张衡的功绩，人们将月球背面的一环形山命名为"张衡环形山"，将小行星1802命名为"张衡小行星"。20世纪中国著名文学家、历史学家郭沫若对张衡的评价是："如此全面发展之人物，在世界史中亦所罕见，万祀千龄，令人景仰。"

接收宇宙电波的射电望远镜

射电望远镜又称无线电望远镜，它是20世纪40年代才发展起来的新型天文探测工具。射电望远镜与光学望远镜有很大的不同，它既没有大炮式的镜筒，也没有物镜、目镜，它不是靠接受天体的光线，而是靠接受天体发射出来的无线电波，来进行天文观测的。射电天文望远镜的形状与雷达接收装置非常相像。

射电望远镜最显著的优点之一是不受天气条件的限制，不管刮风下雨，

无论是白天黑夜，都能进行观测。它的观测能力比普通的光学望远镜要强得多。20 世纪 60 年代天文学上的四大发现——脉冲星、类星体、星际有机分子、微波背景辐射，都是从射电望远镜中观测到的。

为什么射电望远镜能看到光学天文望远镜无法观测到的许多宇宙秘密呢？我们知道，宇宙中的各种天体都能发出不同波长的辐射。而人眼只能看到天体在可见光范围（即波长在 0.40 ~ 0.75 微米之间）内的辐射情况，对可见光以外范围（如 γ 射线、X 射线、紫外线、红外线及无线电波等）的辐射情况却视而不见。射电望远镜就是接收和记录各种天体在不同波段上辐射的各种信息，再根据天体物理理论，推算各类天体的有关物理情况，其中某些是光学望远镜难以测定的。有些天体在可见光波段的辐射并不明显，但在无线电波段却有很强的辐射，这时就只有依靠射电望远镜才能进行接收观测。此外，由于宇宙中存在着许多尘埃粒子，它们能挡住我们在可见光波段的视线，但对无线电波的阻挡却较少，因此，射电望远镜能观测到一些光学望远镜无法看到的天体。

射电望远镜

射电望远镜实际上就是一套类似收音机、雷达那样的电子装置。它由天线、接收机、校准源以及记录设备等几大部分组成。天线系统的作用类似于光学望远镜中的物镜，用以收集来自天体的无线电波。接收机系统的作用是在预定的频率范围内，把天线接收到的微弱太空信号，从强大的噪声中挑选出来，然后进行放大、记录、显示。记录仪或显示器上描绘出来的图像通常是一些弯弯曲曲的线条，它们正是各种遥远的宇宙天体向我们发来的各种射电信息。

1971 年，德国建成了世界上最大的可动式双天线射电望远镜，直径达100 米，可以指向太空任何方向。1981 年 8 月，美国又在新墨西哥州建成一个世界上最大、最现代化的综合孔径射电望远镜，它有 27 面直径为 25

米的天线，放置在臂长为 21 千米的 Y 形基线上。

知识点 ▸▸ >>>>>

星际有机分子

星际有机分子即存在于星际空间的有机分子。从 19 世纪起，天文学家们就观测到某些迹象，表明星际空间不是一片真空。

1930 年，美国天文学家特朗普勒通过对银河星团的研究，证实了星际之间的确存在星际物质。星际物质中 90% 以上是气体，其余是尘埃微粒，温度通常在零下 200℃ 以下，用光学望远镜根本观测不到。1944 年，荷兰天文学家范德胡斯特根据相关理论推断星际氢原子会发射波长 21 厘米的电磁波。1951 年，用射电望远镜果然探测到了这种辐射。

由于星际物质非常稀薄，天文学家们起初认为星际气体都是单个原子或离子，分子是根本不可能存在的。1957 年，美国物理学家汤斯指出了宇宙空间可能存在的 17 种星际分子，并提出探测它们的方法。随后，科学家们 1963 年在仙后座探测到了羟基（－OH），1968 年在银河系中心区探测到了氨（NH_3）和水，1969 年发现了甲醛（HCHO）。到 1991 年，科学家已经陆续发现了超过 100 种星际分子。

星际有机分子的发现有助于帮助人类了解星云及恒星的演变过程，同时也增大了外星生命存在的可能性，是如今天文学的分支——星际化学的基础。

✎ 延伸阅读

微波背景辐射现象

宇宙背景辐射是来自宇宙空间背景上的各向同性的微波辐射，称为微波背景辐射。19 世纪以前，人们一直认为，从天上来到人间的唯一信息是

天体发出的可见光，从来没有人想到，天体还会送来眼睛看不见的"光"——可见光波段以外的电磁波。不过，到了20世纪60年代，人们已经开始通过射电望远镜对宇宙天体发出的电磁波进行观测。

1964年5月，美国贝尔实验室的两位研究人员——阿诺·彭齐阿斯和罗伯特·威尔逊为了改进卫星通讯，检验一台巨型天线的低噪声性能，而把天线对准了没有明显天体的天区进行测量，竟出乎意料地收到了相当大的微波噪声。他们发现，无论把天线指向何方，总能收到一定的噪声。为了降低噪声，他们甚至清除了天线上的鸟粪，但依然有消除不掉的背景噪声。他们认为，这种波长为7.35厘米的微波噪声既不是来自某个天体，也不是来自仪器的干扰，而是来自广阔的宇宙空间，好像在宇宙空间存在着辐射背景。进一步的精确测量显示，这种辐射的温度相当于绝对温度3K的黑体辐射。他们对自己的观察结果虽然十分意外，一时无法解释这种现象，所以没有立即公布自己的发现。

其实，早在1946年，美国核物理学家伽莫夫就曾提出过一个虚拟的宇宙模型，认为宇宙起源于爆炸，作为大爆炸的遗迹，宇宙间可能存在着一种电磁辐射。1953年，他估计这种辐射温度可能是5K，但是因为没有实验证实这一理论的正确性，一直被看作猜测，他的判断未能引起人们的重视。

60年代，美国普林斯顿大学成立了一个由迪克领导的研究小组，对这一理论进行了多方面的探讨。他们花了很多心血，却一无所获，伽莫夫的预言还是得不到确认。研究小组中的皮伯斯在一篇论文中预言，在3厘米波长处应该接收到10K的噪声，这是一种残留的热背景辐射。

1965年，彭齐亚斯和威尔逊间接地获悉了普林斯顿大学研究小组的工作后，他们打电话告诉迪克，迪克给了他一篇皮伯斯的论文。双方经过深入讨论后，彭齐亚斯和威尔逊初步断定他们所观察到的正是普斯顿大学研究的宇宙背景辐射；而迪克小组之所以探测不到微波背景辐射，是因为天线灵敏度不够。彭齐亚斯和威尔逊撰写了一篇只有600字的论文《在4080兆赫处天线附加温度的测量》，宣布了他们的成果。

由于宇宙背景辐射为大爆炸宇宙学理论提供了有力的证据，所以微波背景辐射的发现成为60年代世界天文学的"四大发现"之一。1978年，彭齐阿斯和威尔逊因此而荣获了诺贝尔物理学奖。

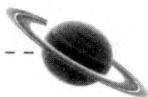

在宇宙中，微波背景辐射是均匀的，来自各个方向都一样，因此好比宇宙的"背景"。英国天文学家史蒂夫·菲尼和他的研究团队在研究了宇宙微波背景辐射图后于 2010 年 12 月发表论文称，他们发现了我们所在宇宙很久之前曾受到其他平行宇宙"挤压"的证据。

记录宇宙的星图和星表

星图和星表是人们从事天文观测和研究必不可少的工具之一，就像我们学习地理知识少不了地图一样。

人们把天上的星星按其在天球上的位置投影在一个平面图上，就绘成了一幅幅星图。可用来表示天体的位置、亮度和形态等，它是天文观测所必备的。天体的位置可由天球坐标确定，因此，星图上一般均注有坐标。现代大部分星图采用的是赤道坐标，即用赤经和赤纬来表示天体的位置，也有采用黄道坐标或银道坐标的星图。恒星的亮度在星图上用大小不同的星点来表示，有的星图还在星点上涂上各种颜色用以表示恒星的有关特征。

现代星图的种类繁多，按投影分，有以天极为中心的极投影星图，有中纬度天区的圆锥伪投影星图，还有以天赤道或黄道为基准的圆筒投影星图；按用途分，有为认证某个天体或某种天象所在位置的星图，有为对比前后发生变化的星图；按内容分，有只绘恒星的星图和绘有各种天体的星图等，有供专业天文工作者使用的专门星图，还有为天文爱好者编制的简明星图。

当代全球最有名的星图是《帕洛玛天图》，它是美国国家地理学会和帕洛马天文台合作拍摄并出版的世界上最大的星图。从 1950 年到 1956 年在帕洛马天文台用 1.22M 望远镜系统地拍摄了从天北极到赤纬 −33°的天区，获 35cm 见方的照相星图 1872 幅，包括了天球南纬 33°以北的星空中 21 等以上的恒星 5 亿多颗，是人类有史以来规模最大，星数最多的星图。

为了便于星空观测，天文工作者还制作出一种活动星图（也称转动星图）。活动星图是一种能够转动的星图，它能够帮助初学者认星，是天文爱好者进行文天观测最基本的辅助工具之一。活动星图是根据太阳的周年视运动和天球的周日旋转，把赤道坐标系和地平坐标系联系在一起，并使前

者绕着天北极相对于后者转动而制作的。一般星图描绘了肉眼可见的所有恒星、亮星团、星云等。

星表是天体的"花名册"，上面记载着恒星等天体的位置、星等等能够说明天体身分的内容。人们可以在星表中查知天体的基本情况，也可以按星表给出的坐标到星空中寻找所要了解的天体。历史上许多著名的天文学家都曾致力于星表的编制工作。随着天文学的发展，观测到的天体日趋繁多和复杂，星表的种类也更多样化了。

星表的种类很多，按不同的标准就分出一系列不同的星表，如按制作手段可分出手绘星表、照相昼表等等。著名的照相星表有德国天文学会编制的照相星表（AGK1、AGK2、AGK3）、美国耶鲁大学天文台编制的耶鲁星表，好望角天文台编制的照相星表等。为了专业的需要，有些天文学家编制了同一类或同一特性的天体的星表，如双星星表、变星星表、高光度星、星表、磁星星表、白矮星星表，射电星表、光谱星表、星云星团表、红移星表、银河系星表、太阳系星表、彗星表、流星表等等。

知识点 ▶▶▶▶▶

活动星表

活动星表由星盘和地盘构成的。

星盘（底盘）是一幅天球的极投影展示图。盘心为天北极，盘上绘有赤经、赤纬网。盘的周边有以时间为单位的赤经标度和月份、日期的刻度。一般主要绘有赤纬在 $-65°$ ~ $+90°$ 范围的国际通用星座 60 个，星点的大小表示星的视星等。星盘上还标有中国传统的二十八宿的名称和位置，以及太阳的周年视运动轨迹——黄道，并注明了太阳在黄道上的日期。盘上两条点线所划定的区域，表示银河分布的大致范围。

地盘（上盘）绘有指定地理纬度的地平坐标网图，注有方位和高

度。它有一个透明的椭圆形窗口，即为观测者所见的天空范围。盘的周边绘有时间刻度，表示观测点的地方视时。因而，在选用活动星图范围时，使用者应注意观测地的纬度。

使用时，旋转底盘，使底盘上的日期和上盘时间正好与观测的日期和时刻相吻合，则上盘地平圈透明窗口内显露出来的部分星象就是当时可见的星空。把活动星区举过头顶，使星图上的南北方向同大自然的南北方向一致，这样就可以按图所示去辨认星座了。此外，活动星图还可以帮助我们了解星座出现的时间和位置，或者是太阳出没的时刻及方位等等。

延伸阅读

世界上最早的星图星表

我国是世界上绘制星图和编制星表较早的国家，早在先秦时期，我国古代天文学家就开始绘制星图。现存最早描绘在纸上的星图是唐代的敦煌星图。唐敦煌星图最早发现于敦煌藏经洞，1907 年被英国人斯坦因盗走，至今仍保存在英国伦敦博物馆内。它绘于公元 940 年，图上共有 1350 颗星，它的特点是赤道区域采用圆柱形投影，极区采用球面投影，与现代星图的绘制方法相同，是我国流传至今最早采用圆、横两种画法的星图。

1971 年在河北省张家口市宣化区的一座辽代墓里发现了一幅星图。该图绘于公元 1116 年，用于墓顶装饰，星图绘画在直径 2.17 米圆形范围内，绘制方法为盖图式，图中心嵌着一面直径为 35 厘米的铜镜，外圈是中国的二十八宿，最外层是源于巴比伦的黄道十二宫，从中可看出在天文学领域内中外文化交流的迹象。1974 年在河南洛阳北郊的一座北魏墓的墓顶，又发现了一幅绘于北魏孝昌二年（526 年）的星图，全图有星辰 300 余颗，有的用直线联成星座，最明显的是北斗七星，中央是淡蓝色的银河贯穿南

北。整个图直径 7 米许。这幅星象图是我国目前考古发现中年代较早、幅面较大、星数较多的一幅。

现存在苏州博物馆内的苏州石刻天文图，是世界现存最古老的石刻星图之一，刻于公于 1247 年（南宋丁未年），主要依据公元 1078—1085 年（北宋元丰年间）的观测结果。图高约 2.45 米，宽约 1.17 米，图上共有星1434 颗，位置准确。全图银河清晰，河汉分叉，刻画细致，引人入胜，在一定程度上反映了当时天文学的发展水平。

世界上最早的星表是我国战国时代魏国天史学家石申所著的《石氏星经》，其中记载着 121 颗恒星的位置。在欧洲，最早的一部是喜帕恰斯在公元前 2 世纪编制的星表，里面记载有 1022 颗恒星的位置。

穿越星球的交通工具

人类正确认识地球经历了漫长的进程，从认识地球到认识月球，从地心说到日心说，从认识太阳系到河外星系。在这一次次的进程中，人类借助探测工具，实现了对星球的穿越。本章就让我们认识穿越星球的交通工具。

自带燃料的火箭

要到太空中去，乘飞机是不行的，因为飞机的速度也不过每秒 1 公里左右。要想使飞船加速到每秒 1 公里以上，目前常采用火箭来完成这个任务。火箭自带燃料和助燃剂，即使到了真空地界，火箭照样可以工作。如果火箭在大气层中就达到 7.9 公里/秒这样大的速度，那么，物体与空气摩擦产生的高热将把它烧成灰烬。所以，无论是人造卫星或是宇宙飞船，都得先以较低的速度穿出大气层，然后再加速到所需之速度。因为火箭所带的燃料是有限的，要想用单级火箭把卫星送上天是不可能的。后来，人们采用了多级火箭解决了这个矛盾。所谓多级火箭就是在大火箭上再装上数个更小点的火箭。起飞之后，大火箭先工作，到一定的速度时，它的燃料用完，便把一级火箭的壳体抛掉，这样一级一级的加速，并一级一级的抛掉壳体，最后将卫星送入轨道。

火箭是以热气流高速向后喷出，利用产生的反作用力向前运动的喷气

推进装置。人类采用多级火箭技术，已发射了数以千计的人造卫星及载人飞船，并且还发射了许多星际探测器，对太阳系及其它行星进行了考察，取得了不少宝贵资料。

火箭可作为探空、发射人造卫星、载人飞船、空间站的运载工具，也可作为其他飞行器的助推器。火箭如用于投送作战用的战斗弹头，便构成火箭武器。其中可以制导的称为导弹，无制导的称为火箭弹。

另外还有一种重要技术叫"一箭多星"。所谓"一箭多星"就是用一枚运载火箭同时发射多颗人造卫星的发射方式。大多用于将同一枚运载火箭中的多颗卫星送入基本相同的轨道上。在末级火箭发动机熄火之后，卫星分离，前后只相隔几秒钟的时间。只是由于各个卫星与火箭分离速度不同，它们的运行轨道才略有差异。如果需要把几颗卫星分别送入不同的运行轨道，那么末级火箭发动机就应有多次起动的能力。当第一颗卫星分离以后，末级火箭发动机再次点火工作，改变轨道。在发动机第二次熄火后，第二颗卫星分离……后面的卫星发射以此类推。

发射多颗卫星的运载火箭常常配置有专用的卫星安装支架。支架的下端与末级火箭连接，支架上可以同时安放几颗卫星。卫星的"座位"下有弹簧或顶杆机构，入轨时靠弹簧或杆机构将卫星推出。

最早实现"一箭多星"的国家是美国。1960 年美国用一枚火箭发射了两颗卫星，1961 年又实现了"一箭三星"。苏联曾经多次用一枚火箭将 8 颗卫星送入运行轨道。1981 年，欧洲空间局的"阿里安"运载火箭，将一颗欧洲气象卫星和一颗印度实验通信卫星，同时送入地球同步轨道。我国于 1981 年 9 月 20 日也成功地将 3 颗科学实验卫星送入近地轨道，开始了一箭多星技术的研发。

火 箭

为了提高火箭在宇宙航行中的飞行速度，

科学家一直在寻找新的能源。1953 年，一位德国科学家提出了光子火箭的设想。光子，就是构成光的粒子。当它从火箭的尾部喷出来的时候，就具有光的速度，每秒可以达到 30 万千米。如果用光子来作为火箭的推力，我们到达太阳的近邻——比邻星就只要 4～5 年的时间。

可是，光子火箭的设想还只是停留在理论上，制造它的困难在于它的结构。

我们已经知道，原子是物质化学变化中最小的微粒，原子又是由带正电的原子核和围绕原子核运动的带负电的电子组成的。原子核由带正电的质子和不带电的中子组成。质子、中子和电子还可以分成许多微小的粒子，如中微子、介子、超子等等。

科学家还发现，宇宙中还存在着和这些粒子对应的、电荷相等而符号相反的粒子，如带正电的"反电子"、带负电的"反质子"等，这些粒子被称为"反粒子"。科学家预言，在宇宙空间还存在着"反粒子"组成的"反物质"，当粒子与"反粒子"、物质和"反物质"相遇的时候，就会发生湮灭，同时就会产生大得惊人的能量：500 克的粒子和 500 克的"反粒子"湮灭，所产生的能量就相当于 1000 千克铀核反应时释放的能量。

如果我们把宇宙中存在的丰富的氢收集起来，让它和其"反物质"在火箭发动机内湮灭，产生光子流，从喷管中喷出，从而推动火箭，这种火箭就是"光子火箭"，它将达到光的速度，以 30 万千米/秒的速度前进。

虽然湮灭得到的能量十分诱人，科学家在实验室里，也已获得了各种"反粒子"，如"反氢"、"反氘"和"反氦"。但是，它们瞬息即逝，无影无踪。按目前的科学技术水平，不可能将它们贮存起来，更难以用于推动火箭的飞行。

然而，科学家还是乐观地认为，光子火箭的理想一定会实现。他们设想，在未来的光子火箭里，最前面的是航天员工作和生活的座舱，中间是粒子和"反粒子"的贮存舱，最后面是一面巨大的凹面反射镜。粒子和"反粒子"在凹面镜的焦点处相遇湮灭，将全部的能量转换成光能，产生光子流。凹面镜反射光子流，推动火箭前进。

当然，在这样的光子火箭里，航天员的座舱必须有防辐射保护。否则，

27

航天员的生命就会受到伤害。

飞行器

飞行器是由人类制造、能飞离地面、在空间飞行并由人来控制的在大气层内或大气层外空间飞行的器械飞行物。

飞行器分为3类：航空器、航天器、火箭和导弹。在大气层内飞行的飞行器称为航空器，如气球、滑翔机、飞艇、飞机、直升机等。它们靠空气的静浮力或空气相对运动产生的空气动力升空飞行。在空间飞行的飞行器称为航天器，如人造地球卫星、载人飞船、空间探测器、航天飞机等。它们在运载火箭的推动下获得必要的速度进入太空，然后在引力作用下完成轨道运动。火箭是以火箭发动机为动力的飞行器，可以在大气层内，也可以在大气层外飞行。导弹是装有战斗部的可控制的火箭，有主要在大气层外飞行的弹道导弹和装有翼面在大气层内飞行的地空导弹、巡航导弹等。

延伸阅读

火箭的分类

火箭可按不同方法分类。按能源不同，分为化学火箭、核火箭、电火箭以及光子火箭等。化学火箭又分为液体推进剂火箭、固体推进剂火箭和固液混合推进剂火箭。按用途不同分为卫星运载火箭、布雷火箭、气象火箭、防雹火箭以及各类军用火箭等。按有无控制分为有控火箭和无控火箭。按级数分为单级火箭和多级火箭。按射程分为近程火箭、中程火箭和远程火箭等。火箭的分类方法虽然很多，但其组成部分及工作原理是基本相同的。

固态火箭跟液态火箭便是现今比较常用的火箭。此外，还有混合火箭，就是用固体的燃料而用液体的氧化剂。比如一个火箭可能第一节是固态的而第二节却是液态的。

火箭的基本组成部分有推进系统、箭体和有效载荷。有控火箭还装有制导系统。火箭推进系统是火箭赖以飞行的动力源。其中火箭发动机按其工质，可分为化学火箭发动机、核火箭发动机、电火箭发动机和光子火箭发动机等。广泛使用的是化学火箭发动机，它是依靠推进剂在燃烧室内进行化学反应释放出来的能量转化为推力的。推力与推进剂每秒消耗量之比称为比冲，它是发动机性能的主要指标，其高低与发动机设计、制造水平有关，但主要取决于所选用的推进剂的性能。火箭发动机的推力，是根据其特点和用途选定的，其大小相差很大，小到微牛，如电火箭发动机；大到十几兆牛，如美国航天飞机的固体火箭助推器。

箭体用来安装和连接火箭各个系统，并容纳推进剂。箭体除要求具有良好的空气动力外形外，还要求在既定功能不变的前提下，质量越轻越好，体积越小越好。在起飞质量一定时，结构质量轻，则可获得较大的飞行速度或射程。

人造地球卫星

随着人类科学技术的不断发展，探索太空的能力和手段越来越多，其中人造地球卫星的成功发射，为人类探索太空开创了新纪元。

人造卫星的概念始于 1870 年。人造地球卫星是指发射到绕地球轨道上作短期或长期运行的人造航天器。其运动服从开普勒行星运动定律，其轨道一般是以地心为焦点的椭圆，特殊情况下是以地心为中心的圆。它离地面的高度根据用度而定，从几百公里到几万千米不等，一般不低于 200千米。

1957 年 10 月 4 日，前苏联在拜科努尔发射场发射了世界上第一颗人造地球卫星——"斯普特尼克 1 号"，首先闯入浩瀚的太空，人类从此进入了利用航天器探索外层空间的新时代。

第一颗人造卫星由镀铬合金制成，重83.6千克，外表呈圆球形，直径58厘米，轨道远地点为986.96千米，近地点为230.09千米，每96分钟绕地球一周。卫星载有两部无线电发报机，通过安置在卫星表面的4个天线，发报机不断地把最简单的信号发射到地面。世界各地许多无线电爱好者当时都接收到了这一来自外空的信号。第一颗人造地球卫星在近地轨道上运行了92个昼夜，绕地球飞行1400圈，总航程6000万千米。

人造地球卫星

继前苏联成功发射第一颗人造地球卫星后，美国、法国、日本、中国先后也成功独立发射了人造地球卫星。其中，1970年4月24日，我国用自己研制的"长征"1号运载火箭送上太空的"东方红"1号卫星是一个直径约1米的近似球形多面体，重173千克，它比苏、美、法、日的第一颗人造卫星总重量还重。轨道的近地点为439千米，远地点为2388千米，轨道倾角为68.5度。

人造卫星是发射数量最多的一种航天器，占全部航天器的90%左右，在科学、军事和国民经济各个方面都获得了极其广泛的应用。以科学探测和研究为目的有天文卫星、观测卫星、地球物理卫星、大气密度探测卫星和电离层卫星等。

正是考虑到1957年10月4日发射的第一颗人造卫星开辟了人类探索外空的道路，以及1964年10月10日外空条约生效，1999年联合国第三次外空会议的与会国一致建议，将每年的10月4日~10日作为"世界空间周"。这一意见得到了联合国第54届大会的核准。

知识点

开普勒行星运动定律

开普勒行星运动定律，也称开普勒三定律，是指行星在宇宙空间绕太阳公转所遵循的定律。由于是德国天文学家开普勒根据丹麦天文学家第谷·布拉赫等人的观测资料和星表，通过他本人的观测和分析后，于1609—1619年先后早归纳提出的，故行星运动定律即指开普勒三定律。

1609年，开普勒在他出版的《新天文学》上发表了关于行星运动的两条定律，又于1618年，发现了第三条定律。开普勒认为，地球是不断地移动的；行星轨道是以椭圆形运动的；行星公转的速度不等恒。这些论点，大大地动摇了当时的天文学与物理学。经过一个世纪，物理学家终于能够用物理理论解释其中的道理。牛顿利用他的第二定律和万有引力定律，在数学上严格地证明开普勒定律，也让人们了解其中的物理意义。

延伸阅读

人造卫星的用途

人造卫星基本上可分为"卫星本体"及"酬载"两部分。酬载即是卫星用来做实验或服务的仪器，卫星本体为维持酬载运作的载具。人造卫星的优点在于能同时处理大量的资料及能传送到世界任何角落，使用三颗卫星即能涵盖地球各地，依使用目的，人造卫星大致可分为下列几类：

科学卫星：送入太空轨道，进行大气物理、天文物理、地球物理等实验或测试的卫星，如中华卫星一号、哈伯等。

通信卫星：作为电讯中继站的卫星，如：亚卫一号。

军事卫星：做为军事照相、侦察用的卫星。

气象卫星：摄取云层图和有关气象资料的卫星。

资源卫星：摄取地表或深层组成之图像，做为地球资源探勘之用的卫星。

星际卫星：可航行至其它行星进行探测照相之卫星，一般称之为"行星探测器"，如先锋号、火星号、探路者号等。

飞向太空的宇宙飞船

宇宙飞船是一种运送航天员、货物到达太空并安全返回的一次性使用的航天器。它能基本保证航天员在太空短期生活并进行一定的工作。它的运行时间一般是几天到半个月，一般乘 2 到 3 名航天员。

世界上第一艘载人飞船是"东方 1 号"宇宙飞船。它由两个舱组成，上面的是密封载人舱，又称航天员座舱。舱内设有能保障航天员生活的供水、供气的生命保障系统，以及控制飞船姿态的姿态控制系统、测量飞船飞行轨道的信标系统、着陆用的降落伞回收系统和应急救生用的弹射座椅系统。另一个舱是设备舱，长 3.1 米，直径为 2.58 米。设备舱内有使载人舱脱离飞行轨道而返回地面的制动火箭系统，供应电能的电池、储气的气瓶、喷嘴等系统。"东方 1 号"宇宙飞船总质量约为 4700 千克。"东方 1 号"宇宙飞船打开了人类通往太空的道路。

至今，人类已先后研究制出三种构型的宇宙飞船，即单舱型、双舱型和三舱型。其中单舱式最为简单，只有宇航员的座舱；双舱型飞船是由座舱和提供动力、电源、氧气和水的服务舱组成，它改善了宇航员的工作和生活环境，世界第 1 个男女宇航员乘坐的前苏联"东方号"飞船、世界第 1 个出舱宇航员乘坐的前苏联"上升号"飞船以及美国的"双子星座号"飞船均属于双舱型；最复杂的就是三舱型飞船，它是在双舱型飞船基础上或增加 1 个轨道舱（卫星或飞船），用于增加活动空间、进行科学实验等，或增加 1 个登月舱（登月式飞船），用于在月面着陆或离开月面，前苏联/

俄罗斯的联盟系列和美国"阿波罗号"飞船是典型的三舱型。联盟系列飞船至今还在使用。

虽然宇宙飞船是最简单的一种载人航天器，但它比无人航天器（例如卫星等）复杂得多，到目前只有美、俄、中三国能独立进行载人航天活动。

我国于 1999 年 11 月 20 日六时 30 分 7 秒在酒泉卫星发射中心成功发射了第一艘宇宙飞船"神舟一号"。在这次发射实验中，首次采用了在技术厂房对飞船、火箭联合体垂直总装与测试，整体垂直运输至发射场，进行远距离测试发射控制的新模式。在原有的航天测控网基础上新建的符合国际标准体制的陆海基航天测控网，也在这次发射试验中首次投入使用。飞船在轨运行期间，地面测控系统和分布于公海的 4 艘"远望号"测量船对其进行了跟踪与测控，成功进行了一系列科学试验。

此次实验标志着我国航天事业迈出重要步伐，对突破载人航天技术具有重要意义，是我国航天史上的重要里程碑。

神舟七号宇宙飞船

继这次成功发射宇宙飞船后，我国又相继成功发射神舟系列宇宙飞船"神舟二号""神舟三号""神舟四号""神舟五号""神舟六号""神舟七号""神舟八号"。在"神舟七号"宇宙飞船上实施了我国航天员首次太空行走，突破和掌握出舱活动相关技术，同时开展卫星伴飞、进行"天链一号"卫星数据中继等空间科学和技术试验。飞船运行期间，航天员着我国研制的"飞天"舱外航天服出舱进行舱外活动，回收在舱外装载的试验样品装置。这是人类载人航天技术的一个重大跨越。"神八"和天宫一号顺利的对接成功，标志着我国航天事业的又一突破，这是中国航天史上第三个具有划时代意义的重大事件。

33

太空行走

太空行走又称出舱活动，是指航天员离开载人航天器乘员舱，只身进入太空的出舱活动。它在广义上又指，航天员在月球和行星等其他天体上完成各种任务的过程。

太空行走是载人航天的一项关键技术，是载人航天工程在轨道上安装大型设备、进行科学实验、施放卫星、检查和维修航天器的重要手段。要实现太空行走这一目标，必须考虑到太空的微重力环境对航天员人身安全可能造成的影响。

航天员在舱外行走有两种方式，一种是用早期研制的脐带式的生命保障系统与乘员舱连接，航天员身穿航天服，航天员所需要的氧气、压力、冷却工质、电源和通讯等都是通过脐带由"母"载人航天器提供的。由于脐带不能过长，所以航天员只能在"母"航天器附近活动，如果航天器走远了则容易使脐带缠绕，像婴儿那样"窒息"而死。另一种是后期发明的装在航天服背后的便携式环控生保系统。航天员出舱后与"母"航天器分离，由于身穿舱外用的航天服，背着便携式环控生保装置，以及太空机动装置，航天员可到离"母"载人航天器100米远处活动。实际上，舱外航天服及便携式环控与生保系统是一个微型载人航天器，它保证人的周围有适合的压力，有通风供氧，有温湿度调节，使航天员在服装内正常生存，并能进行太空作业。

延伸阅读

中国空间站计划

中国空间站计划是继1992年中国正式提出载人航天三步走计划后提出

来的空间发展计划。中国空间站计划"三步走"如下：

第一步：2008年9月，"神七"升空，实现航天员太空行走；

第二步：2011年左右，"神八"、"神九"将发射飞行器，实现无人对接。从2010年开始到2015年，中国计划发射2到3个空间实验室到太空，将有多艘飞船与之对接。

第三步：2012年左右，"神十"实现有人对接，然后组建有人空间站。2020年前后，中国将发射空间站核心舱和科学实验舱，开始建造空间站。

中国空间站为一个空间实验室系统。计划用运载火箭将载人飞船送入太空，与停留在轨道上的实验室交会对接，航天员从飞船的附加段进入空间实验室，开展工作。航天员的生活必需品和工作所需的材料、设备均由飞船运送，载人飞船停靠在实验室外边，作为应急救生活飞船。如果实验室发生故障，可随时载航天员返回地面，航天员工作完成后，乘飞船返回。我国载人空间站工程分为空间实验室和空间站两个阶段实施。2016年前，研制并发射空间实验室，突破和掌握航天员中期驻留等空间站关键技术，开展一定规模的空间应用；2020年前后，研制并发射核心舱和实验舱，在轨组装成载人空间站，突破和掌握近地空间站组合体的建造和运营技术、近地空间长期载人飞行技术并开展较大规模的空间应用。

可在太空科研的空间站

空间站是一种大型载人科学卫星。人在空间站里可以居住、生活和进行各种科学研究。在这种空间站上装上巨型望远镜，就成为空间天文台。空间站也是一个无菌、无污染的特殊实验室。特别是在空间轨道上存在着真空失重等条件，可以进行一些在地面上不能进行的科学实验，还可以进行一些特殊产品的制造，进行各种无重力条件下的生物实验等。

1973年5月14日，美国第一个空间站发射进入地球轨道。先后有3批共9名宇航员登上"天空实验室"进行生物、航天医学、太阳物理、天文观测、对地观测和工程技术试验，创造了宇航员在太空停留84天的纪录。天空实验室全长36米，最大直径6.7米，总重77.5吨，由轨道舱，过渡舱

和对接舱组成，可提供 360 立方米的工作场所。这 9 名宇航员在站上分别居留 28 天，59 天和 84 天。拍摄了约 1000 万平方千米地球表面的照片共 4 万多张，研究了人在空间活动的各种现象。1974 年 2 月第 3 批宇航员离开太空返回地面后，天空实验室封闭停用，直到 1979 年 7 月 12 日在南印度洋上空坠入大气层烧毁。它在太空运行 2249 天，航程达 14 亿多千米。

空间站

1986 年 2 月 20 日，前苏联发射了它的第 8 个空间站——一种新型的"和平"号空间站。和平号空间站全长 13.13 米，最大直径 4.2 米，重 21 吨。它由工作舱，过渡舱，非密封舱 3 个部分组成，共有 6 个对接口，可以同时停靠 6 艘宇宙飞船。站内设有专用乘员仓，里面有小桌一张和一把椅子，用来写宇航日记，还可以放文件。还安装有脚踏装置进行体育锻炼：骑自行车记录器，或在"跑道"上奔跑。室温高达 28℃，宇航员在业余时间可以聊天、听音乐、看录像。最使他们激动的是每周一次与地球上亲人的通话。

和平号作为一个基本舱，可与载人飞船，货运飞船，4 个工艺专用舱组成一个大型轨道联合体，从而扩大了它的科学实验范围。4 个专业舱都有生命保障系统和动力装置，可独立完成在太空机动飞行。其中一个是工艺生产实验舱，一个是天体物理实验舱，一个是生物学科研究舱，一个是医药试制舱。这几个实验舱可根据任务需要更换设备，成为另一种新的实验舱。宇航员们进行了天体物理，生物医学，材料工艺试验和地球资源勘测等科学考察活动。最大的轨道联合体总长达 350 米，总重 70 吨，俨然像一座太空列车，绕地球轨道不停地飞驰。美国航天飞机共拜访空间站 11 次。

2000 年底俄罗斯宇航局因和平号部件老化（设计寿命 10 年）且缺乏维修经费，决定将其坠毁。和平号最终于 2001 年 3 月 23 日坠入地球大气

层，碎片落入南太平海域中。

2011 年 4 月 19 日，是人类第一座空间站"礼炮"1 号发射 40 周年纪念日。40 年来，人类共发射了 4 代 10 座空间站，它们在科学研究、技术实验等许多方面正在发挥日益明显的作用。从总体结构上讲，空间站可分为以下 2 种共四代：

第一种空间站是单舱式空间站。这种空间站用运载火箭一次就能送上太空，其优点是所用硬件少、成本低、技术简单、不需要航天员出舱等，因而早期的空间站都采用这类构型；它的缺点是容积小、太死板、工效低，影响了许多科学实验活动的进行，并且很难长期载人航天。这种空间站先后发展了两代。

第二种空间站是多舱式空间站。这种空间站是由陆续发射的多个舱段在轨道上组装而成的，其优点是航天员的生活和工作空间大、灵活性强、运行时间长；缺点是技术复杂、投资和风险大。这种空间站也先后发展了两代，因而也可以算是第三、四代空间站。

人类现在已经完成了试验性、实用性、长久性空间站的发展阶段，"国际空间站"的建造标志着永久性空间站的发展阶段已经开始，它将使载人航天的意义更加明朗化。今后，人类还将有望建造基于空间站的太空旅馆、太空工厂以及可以产生人造重力的太空城。

知识点

轨道舱

轨道舱简单的来说，就是宇宙飞船在运行轨道上的舱。返回舱就是返回时用的舱，一段在返回时只用返回舱，而轨道舱被抛弃在太空中，是为了减轻重量。轨道舱是航天员在轨道上的工作和休息的场所，里面装有各种实验仪器和设备。轨道舱的主要任务是为航天员空间生活和工作提供一个暂时的空间，随着飞船任务结束轨道舱就失去了继续存在的价值，继续留着，可能会失去动力以后变成太空垃圾，危及

地面的安全。

　　轨道舱位于返回舱前面，兼有航天员生活舱和留轨实验舱两种功能，所以也称留轨舱。轨道舱里面装有多种试验设备和实验仪器，可进行对地观测，其两侧装有可收放的大型太阳能电池翼、太阳敏感器和各种天线以及各种对接结构，用来把太阳能转换为飞船的能源、与地面进行通讯等。

延伸阅读

人类的第一个空间站

　　1971 年 4 月 19 日，前苏联发射了人类第一座空间站——礼炮 1 号，从此载入太空飞行进入一个新的阶段。礼炮 1 号空间站由轨道舱，服务舱和对接舱组成，呈不规则的圆柱形，总长约 12.5 米，最大直径 4 米，总重约 18.5 吨。它在约 200 多千米高的轨道上运行，站上装有各种试验设备，照相摄影设备和科学实验设备。与联盟号载入飞般对接组成居住舱，容积 100 立方米，可住 6 名宇航员。礼炮 1 号空间站在太空运行 6 个月，相继与联盟 10 号，联盟 11 号两艘飞船对接组成轨道联合体，每艘飞船各载 3 名宇航员，共在空间站上停留 26 天。礼炮 1 号完成使命后于同年 10 月 11 日在太平洋上空坠毁。

穿越星球的航天飞机

　　航天飞机是一种新型航天工具，它是有人驾驶可以反复使用的一种新式航天飞行器。大家知道，要把人造卫星、宇宙飞船等航天器送到大气层外的宇宙空间去旅行，就需要火箭作为运载工具，但是，在把航天器送到预定轨道的路上，火箭就被逐级抛掉了，也就是说，每发射一次卫星或飞船，就得报销一枚火箭。火箭高几十米，甚至上百米，直径也

有十几米，而且，里面还装着许多精密仪器和部件，价格十分昂贵，使用一次就报废了，十分可惜。正是为了解决这个问题，科学家发明了航天飞机，它既可以像火箭一样地飞，也可以像人造卫星一样在太空轨道上运行，又可以像飞机一样方便地降落在地面，可以达到多次使用的目地。

航天飞机可以把卫星送人预定的地球轨道或是把需要回收的卫星从轨道上取下来，带回地面。在轨道上，它能对航天器进行检查、维修，使其延长使用寿命，甚至对敌人的军用卫星进行拦截、破坏或摘除。它还可以为天上的航天站运送物资，营救遇难的宇航员或为航天器添加推进剂等。

航空航天飞机

航天飞机是一种垂直起飞、水平降落的载人航天器，它以火箭发动机为动力发射到太空，它由轨道器、固体燃料助推火箭和外储箱三大部分组成。

1981年4月12日，美国研制的人类第一架航天飞机"哥伦比亚"号起飞，并于4月14日成功返回地面，结束了人类只能把航天器扔在太空的一次性使用方式的历史。1982年11月11日，航天飞机首次进行商业性飞行，将两颗通讯卫星送入地球静上轨道。1983年欧洲"空间实验室"航天站就是由美国航天飞机芍到太空去的。在"哥伦比亚"号之后，"挑战者"号、"发现号"、"亚特兰蒂斯"号相继飞行。从1981年试飞到1986年1月"挑战者"号失事，在这四年多的时间内，美国共进行了24次航天飞机的飞行，发放人造卫星30颗，回收3颗，空间修理两次，携带航天站一座，还进行了各种太空试验。

发现号航天飞机是美国国家航空航天局的第三架实际执行太空飞行任务的航天飞机。首次飞行是1984年8月30日，负责进行各种科学研究与

作为国际太空站计划的支援。到 2011 年 3 月"发现"号航天飞机退役,它绕地飞行超过 5600 圈,行程约 2.3 亿公里,累计飞行 352 天,运载宇航员 180 人。从而结束了它近 27 年的航天飞行。

航天飞机的研发运用,使人类的太空事业进入了一个崭新阶段。

知识点

美国国家航空航天局

美国国家航空航天局,简称 NASA,总部位于华盛顿哥伦比亚特区。

NASA 是美国联邦政府的一个政府机构,负责美国的太空计划。1958 年 7 月 29 日,艾森豪威尔总统签署了《美国国家航空暨太空法案》,创立了 NASA。1958 年 10 月 1 日,美国正式把国家航空咨询委员会(NACA)改组为国家航空航天局(NASA)。原来的国家航空咨询委员会在 1915 年成立,为扩大这一机构在航天方面的职责,改组成国家航空航天局。

美国国家航空航天局被广泛认为是世界范围内太空机构的领头羊,1960 年 6 月以后,相继组建了肯尼迪航天中心、约翰逊航天中心、太空飞行器中心。现在,NASA 已成为世界上所有航天和人类太空探险的先锋。美国国家航空航天局的愿景是"改善这里的生命,把生命延伸到那里,在更远处找到别的生命"。美国国家航空航天局的使命是"理解并保护我们赖以生存的行星;探索宇宙,找到地球外的生命;启示我们的下一代去探索宇宙"。

空天飞机

空天飞机是一种正在研究的飞行器，它的全称叫航空航天飞机。顾名思义，它既可航空，在大气里飞行；又可航天，在太空中飞行，是航空技术与航天技术高度结合的飞行器。

美国在1981年研制成功了航天飞机，成为航天发展史上的一个重要里程碑。但是，航天飞机仍存在着许多不足，主要是维护复杂、费用昂贵和故障经常发生等。而空天飞机与航天飞机相比，则更多地具有飞机的优点。它的地面设施简单，维护使用方便，操作费用低，在普通的大型机场上就能水平起飞和降落，就连它的外形也酷似大型客机。它以液氢为燃料，在大气层内飞行时，充分利用大气中的氧气。加之它可以上万次地重复使用，真正实现了高效能和低费用。

研制空天飞机最大的关键技术是动力装置。它的动力装置必须能在极广的范围内工作，即从起飞时速度为零，到进入太空轨道时的超高速度范围内都能正常运行。这就要求它的动力装置具有两种功能：一是火箭发动机的功能，用于大气层外的推进；另一就是吸气式发动机的功能，用于大气层内的推进。吸气式发动机工作时，利用冲压作用对空气进行压缩液化，为其提供液氧燃料。

可以预料，空天飞机一旦研制成功，航天飞机将会被它完全代替，而地球上任何两个城市间的飞行时间都不会超过2小时，速度有多快可想而知。

1986年2月，美国总统里根在国情咨文中正式宣布了研制一种代号为"新东方快车"的空天飞机，其速度可达音速的25倍。空天飞机在起飞开始时靠空气涡轮冲压发动机提供推进动力，它利用空气中的氧与机上携带的氢产生所需的动力，起飞达到6倍音速后则开始使用超声速燃烧冲压发动机，它也是用空气中的氧与携带的氢提供动力，但由于速度

的快速增大，所以工作运转的技术难度也就更大。在飞过大气层之后，空天飞机便依靠能在稀薄空气和真空中工作的氢氧发动机。这种混合式推进系统的使用，显然比火箭系统的发射重量大大的减轻了，所需携带的燃料也大幅度减少，除了在大气层内使用的氢和穿过大气层后使用数量已经较少的氢氧火箭燃料外，整个空天飞机是完全可以重复使用的。它的实现，将会使人类在地球与太空间来往自如，尤如太空列车，在地球和太空站之间来往对开。

漫步月球

　　浩瀚星空中，最引人注目的天体要数月亮了，它那变化万千的外貌，它所承载的美丽动人的神话传说，为人间平添了多少美好的想象。"嫦娥奔月"的故事在民间广为流传，可以说是家喻户晓，妇孺皆知。每当盛夏的夜晚，老奶奶总是一边摇着扇子，一边给小孙孙讲述着这个古老的故事：巍峨的广寒宫，寂寞无助的嫦娥，被吴刚砍了又长，长了又砍的桂花树，三条腿的蛤蟆，会捣药的小白兔……我们仰望圆圆的月亮，似乎也隐约发现了里面的嫦娥和桂树，真实的月球又是什么样呢？本章我们一起去参观。

初识月球

　　每当夜幕降临，一轮明月升上夜空，清澈的月光洒满大地，让人产生无数情思遐想。文人墨客更是对月亮倍加青睐，唐代诗人张若虚的"江畔何人初见月，江月何年初照人"，唐代诗人李白的"举头望明月，低头思故乡"几乎人人会背。还有宋代文学家苏东坡的"水调歌头"："人有悲欢离合，月有阴晴圆缺，此事古难全。但愿人长久，千里共婵娟"。表达了多少人企盼团圆的愿望。这些都可称得上是脍炙人口的咏月佳句。

　　月球俗称月亮，也称太阴。在中国古代神话中，关于月亮的故事数不胜数。古希腊神话中，月亮女神的名字叫阿尔忒弥斯，同时她也是狩猎女神。月球的天文符号好像弯弯的娥眉，同时象征着阿尔忒弥斯的神弓。

　　皓月当空，我们能够清楚地看到它上面有阴暗的部分和明亮的区域。

早期的天文学家在观察月球时，以为发暗的地区都有海水覆盖，因此把它们称为"海"。著名的有云海、湿海、静海等。在我国古代诗文中月亮有许多有趣的美称：

素娥（素娥即月亮之别称——《幼学琼林》）；冰轮（玉钩定谁挂，冰轮子老辙——陆游）；玉轮（玉轮轧露湿团光，鸾珮相逢桂香陌——李贺）；玉蟾（凉烟蔼外，三五玉蟾秋——方干）；桂魄（桂魄飞来光——贾岛）；顾菟（阳乌未出谷，顾菟半藏身——李白）；婵娟（但愿人长久，千里共婵娟——苏轼）。此外，月球还有许多别致的雅号，如玉弓、姮娥、玉桂、玉盘、玉钩、玉镜、冰镜、广寒宫、嫦娥、玉羊等。

月 球

目前，关于月亮形成的最重要的学说认为，月亮是在大约45亿年前，由于一颗大小近似火星的星体强烈碰撞并划过地球形成的。当时的碰撞形成的大量熔化的岩石碎片和尘埃被甩到地球周围轨道之内，经过一段时间的相互碰撞和聚集而形成了今天的月亮。

对这种学说的有力支持来自阿波罗登月计划的发现。宇航员们从月球上采集的土壤标本表明，月球上的矿物质和地球上的是相似的，这使得科学家们确信，地球和月亮有着共同的起源。

有些学者对碰撞学说持不同的看法，他们认为月亮和地球是在同一时期，由同一团岩石和尘埃分别独立形成的。但是我们已经从"月球勘探者"的发现知道，月球的核心只占其质量的2%到4%，远远小于地球核心所占的30%，如果它们来自同一起源，至少两者核心所占的比例应当相近。所以这种说法并不太成立。

更合理的解释是，由于45亿年前的那次碰撞发生在地球外层，地球的铁核并没有被触及，而外层含铁较少、密度较小的岩石部分脱离出去形成

了月球。这样，月球所形成的核心所占质量当然比不上地球的核心了。

月球与地球关系密切，形影相随。月球也有壳、幔、核等分层结构。最外层的月壳平均厚度约为 60 千米 ~ 65 千米。月壳下面到 1000 千米深度是月幔，它占了月球的大部分体积。月幔下面是月核，月核的温度约为 1000 度，很可能是熔融状态的。月球直径约 3476 千米，是地球的 3/11。体积只有地球的 1/49，质量约 7350 亿亿吨，相当于地球质量的 1/81，月面的重力差不多相当于地球重力的 1/6。

月球是地球唯一的天然卫星，是距离我们最近的天体，它与地球的平均距离约为 384 401 千米。它的平均直径约为 3476 千米，表面积有 3800 万平方千米，来对比的话，不及亚洲的面积大。

知识点 >>>>>

矿物质

矿物质，又称无机盐，是人体内无机物的总称。是地壳中自然存在的化合物或天然元素。矿物质和维生素一样，是人体必须的元素，矿物质是无法自身产生、合成的，每天矿物质的摄取量也是基本确定的，但随年龄、性别、身体状况、环境、工作状况等因素有所不同。

人体必须的矿物质有钙、磷、钾、钠、氯等需要量较多的宏量元素，铁、锌、铜、锰、钴、钜、硒、碘、铬等需要量少的微量元素。但无论哪中元素，和人体所需蛋白质相比，都是非常少量的。

各种矿物质在人体新陈代谢过程中，每天都有一定量随各种途径，如粪、尿、汗、头发、指甲、皮肤及黏膜的脱落排出体外。因此，必须通过饮食补充。由于某些无机元素在体内，其生理作用剂量带与毒性剂量带距离较小，故过量摄入常不仅无益反而有害，特别要注意用量不宜过大。根据矿物质在食物中的分布及其吸收、人体需要特点，在我国人群中比较容易缺乏的有钙、铁、锌。

月球是行星还是卫星

美国著名地球物理学爱拜塞尔在《地球》一书中提出："近代太阳系形成学说确认月球是个正统的行星。实际上地球和月球是一个双星系统的关系，而绝不是从属于地球的母子关系。"他的证据是：（1）在形成年代上，月球略早于地球；（2）地、月的直径比和质量比相差不多，卫星与主体行星之间这样大的比值在太阳系中"只此一家"；（3）地球属于类地行星，而类地行星除地球和火星以外，其他的都无卫星；（4）月球并没有绕着地球旋转，而是伴着地球对转。在太阳系中，其他行星的公转轨道都是比较光滑的图形，唯有地球的公转轨道是波浪般的图形。

月球是不是行星，天文学家们对此有不同意见。我国紫金山天文台的科学家认为，月球形成的年代是否早于地球至今尚无定论，而且即使我们承认月球的"年岁"高于地球，也不能就由此推论月球不是地球的卫星了。因为关于卫星和中心行星的"年岁"是一种历史上的月地关系，而月球是否是地球的卫星，却是一个卫星的概念和定义的问题，是一种现实的月地关系。月球的质量虽大，但还是在其作为地球卫星所应有质量的合理范围之内；而月球相伴地球"对转"、地球轨道"波浪形"起伏，也完全符合力学规律，月球在它漫长的演化史上很可能曾经是一颗行星，但它现在确确实实是一颗卫星。

坑坑洼洼的月表

月球俗称月亮，是地球唯一的天然卫星，也是离地球最近的天体，与地球相距约 38 万千米。平时我们见到的月亮感觉和太阳差不多大，但实际上月亮比太阳小得多。月球的半径是 1738 千米，是地球的 27.28%，而太

阳的半径是地球的109倍，那么太阳就有6400万个月亮那么大。

月球表面既无大气，也无水分，没有风霜雪雨，没有江河湖海，更不要说鸟语花香的生命现象了。一句话，月球是个死寂的星球。但是，这并不意味着月面上什么变化都没有发生过，它表面的辉光现象就是一例。月球表面有时突然出现某种发光现象，甚至还有颜色变化，这些"月面暂现"现象，说明月球表面经常变化不断，引起了天文学家们的兴趣和关注。

1958年11月3日凌晨，前苏联科学家柯兹列夫在观测月球环形山的时候，发现阿尔芬斯环形山口内的中央峰，变得又暗又模糊，并发出一种从未见过的红光。两个多小时之后，他再次观测这片区域时，山峰发出白光，亮度比平常几乎增加了一倍，第二夜，阿尔芬斯环形山才恢复原先的面目。

柯兹列夫认为，他所观测到的是一次比较罕见的月球火山爆发现象。他说，阿尔芬斯环形山中央峰亮度增加的原因，在于从月球内部向外喷出了气体，至于开始时山峰发暗和呈现出红色，那是因为在气体的压力下，火山灰最先冲出了火山口。

柯兹列夫的观点遭到了一些人的反对，其中包括一些颇有名望的天文学家。他们承认阿尔芬斯环形山的异常现象是存在的；但认为不能解释为通常的火山爆发，而是月球局部地区有时发生的气体释放过程。在太阳光的照耀下，即使是冷气体也会表现出柯兹列夫所注意到的那些特征。

早在1955年，柯兹列夫就在另一座环形山——阿利斯塔克环形山口，发现过类似的异常发亮现象，他也曾怀疑那是火山喷发。1961年，柯兹列夫又在阿利斯塔克环形山中央观测到了他熟悉的异常现象，不同的是，光谱分析明确证实这次所溢出的气体是氢气。

我们称之为"环形山"的"疤痕"形成于距今38到41亿年前，科学家印证，"肇事者"就是宇宙中的岩石。

环形山

DAO QITA XINGQIU QU LVXING

畅游天文世界

现在，虽然这些"疤痕"让月球的"脸蛋"坑坑洼洼，但是它们并不会受到很多侵蚀，主要有两个原因：其一，月球的地质活动并不活跃，因此这里不会像地球那样频繁发生大地震、火山爆发等，从而导致地形地貌的大变动。其二，由于月球几乎没有大气层，也就没有风和雨，因此表面侵蚀作用就很少发生。

月球表面的环形山通常指碗状凹坑结构的坑。这些布满月球表面的大大小小圆形凹坑，称为"月坑"，大多数月坑的周围环绕着高出月面的环形山。月面上最大的环形山为月球南极附近的"贝利环形山"，直径达295公里。小的月坑直径只有几十厘米甚至更小。直径大于1000米的月坑总数达到了33 000个以上。其中大的直径超过100公里，占月面的7%～10%。月球背面的环形山更多。环形山大多数以著名天文学家或其他学者的名字命名，月球背面的环形山中，有6座分别以我国古代天文学家名字命名。

2007年10月24日，我国首颗月球探测卫星"嫦娥一号"从西昌卫星发射中心腾空而起，经过近20天的飞行后，准确进入环月工作轨道。此后不久，"嫦娥一号"对月球的背面进行了探测，发现那里与月球正面有着明显的不同：月球背面的月陆（也称高地）分布面积广，没有大型的月海盆地，只有3个较小的月海；而月球的正面则拥有月球90%的月海。除此之外，月球背面几乎没有明显的山脉；正面山脉较多，如阿尔卑斯山、亚平宁山等。

月面上高出月海的地区称为月陆，一般比月海水准面高2～3千米，由于它反照率高，因而看来比较明亮。在月球正面，月陆的面积大致与月海相等。但在月球背面，月陆的面积要比月海大得多。从同位素测定知道月陆比月海古老得多，是月球上最古老的地形特征。

在月球上，除了犬牙交差的众多环形山外，也存在着一些与地球上相似的山脉。月球上的山脉常借用地球上的山脉名，如阿尔卑斯山脉，高加索山脉等，其中最长的山脉为亚平宁山脉，绵延1000千米，但高度不过比月海水准面高三四千米。山脉上也有些峻岭山峰，过去对它们的高度估计偏高。现在认为大多数山峰高度与地球山峰高度相仿。月球上的山脉有一普遍特征：两边的坡度很不对称，向海的一边坡度甚大，有时为断崖状，另一侧则相当平缓。

除了山脉和山群外，月面上还有4座长达数百千米的峭壁悬崖。其中3座突出在月海中，这种峭壁也称"月堑"。

知识点

反照率

　　反照率指是天体表面全部被照明的部分向各个方向散射的光流。

　　它表示的是被天体表面反射到空间的太阳能的份额。暗黑物体比白色物体反照率低。一个反照率为1的物体可将入射到它表面的全部光反射出去，这个物体是纯白的；反之，反照率为零的物体则是纯黑的。由此可见，行星和卫星的反照率定量地表明覆盖在它们表面上物质的特性。

延伸阅读

月球上有空气和水吗

　　如果我们认为，月球和地球是在同一个时期，由同一些物质形成的，我们就应该承认，它们的演化模式很可能也是相同的。照这么说来，月球在演化的早期阶段曾经有过大气，也曾有过某种形式的水。

　　那么，为什么地球上仍存在着空气和水，而月球上却没有呢？多数科学家认为，问题的答案立该到地球与月球的引力差异中去找。

　　地球的引力强大到足以把空气和水留住在地球上，而月球却不能，因为它的引力不够强。因此，经过千百万年的演变之后，它的空气和水分都跑到宇宙空间去了。

　　可是，月球上还剩下一点点空气的痕迹，它们以气体分子的形式残留在月球表面的那些裂缝里。最乐观的估计，认为月球大气最多只有地球大气的百万分之一，这大致相当于地球高空100多千米处的大气密度。实际上，我们完全可以把月球看做是一个极端炎热、又极端寒冷，既无空气、又无水分的天体。

所以，去月球探险的那些宇航员们都必须穿上特制的宇航服来抵御外界的极热和极冷，以及完全没有气压的环境和其他形形色色的危险；一套可随身携带的设备则提供呼吸所必需的氧气。

月球的旋转

月球绕地球公转的同时，它本身也在自转。月球的自转周期和公转周期是相等的，即1:1，月球绕地球一周的时间为也就是它自转的周期。地球和月亮都是逆时针旋转自西向东，角速度基本一致。

人们总是只看到月球的半边脸，并认为月球没有自转运动。事实恰好相反，这个现象正表明了月球有自转运动。这是因为月球的自转方向和周期与它公转相同所致，天文学上称这种自转叫"同步自转"。"同步自转"几乎是卫星世界的普遍规律。一般认为是行星对卫星长期潮汐作用的结果。月球总是一面向着地球，这只是近似的说法。实际上，我们可以看到59%的月面积。这是因为月球公转速度的不均匀造成的，使我们能多看到9%的月面积。

由于月球绕地球公转的方向与地球自转的方向是一致的，但是地球自转比月球公转要快一点，所以月球公转一周还赶不上地球转到同一位置的速度，虽然速度差得不多，只有约48分钟，但是将近一个月积累下来，就差了两天多时间了。所以地球上同一地点看到月相变化要比月球自转周期慢。

因为同时月球还随着地球一起绕太阳公转，月相变化是在地球上看到的月亮被太阳照射的部分，因此与地球公转有关。打个极端的例子，假如月球与地球位置相对固定，也不自转，那么地球带着月球绕太阳一圈，月相也会变化一周。

月球公转与自转的周期完全相同，是27.32日。至于月相变化的周期

（朔望月），则要长，约 29.5306 日。其原因在于我们看到月相的变化是日、地、月三者位置，而不是地月两者位置变化造成的。以太阳为基准，一个朔望月中，月亮从太阳的位置恰好再次转到太阳的位置。当然，这是地月系在围绕太阳公转造成。

朔望月

在月球上，一昼夜大约等于一个月。为什么月球的自转周期这么长呢？这是由于地球对月球的引潮力长期作用的结果。地球的引潮力使月球向着地球的方向上隆起（潮汐），当月球自转时，月球隆起部分受到地球的引力，仍然保持朝向地球，这种转动方向和月球自转方向相反，这种作用叫潮汐摩擦。潮汐摩擦力在很长时期内不断作用着，逐渐使月球的自转变慢，直到隆起部分永远朝向地球，这时月球的自转周期等于月球的公转周期。

知识点

>>>>>

朔望月

朔望月，古称"朔策"，又称"太阴月"，即月相变化的周期。月球绕地球公转相对于太阳的平均周期。为月相盈亏的周期。以从朔到下一次朔或从望到下一次望的时间间隔为长度，平均为 29.530 59 天。

当月亮处于太阳和地球之间时，它的黑暗半球对着我们，我们根本无法看到月亮的任何一点形象，这就是"朔"，朔在天文上是指月亮黄经和太阳黄经相同的时刻。逢朔日，月亮和太阳同时从东方升起，即使地球把太阳光反射到月亮，然后再由月亮反射回来的那部分光，

也完全淹没在强烈的太阳光辉中。当地球处于月亮与太阳之间时，虽然3个星球也是处于一条线上，但这时，月亮被太阳照亮的半球朝向地球，柔和的月光整夜洒在大地上，这就是满月，也就是"望"。这时月亮黄经和太阳黄经相差180度。

农历每个月的初一左右，月亮运行到了地球与太阳之间，光亮的一面正好背对着地球，我们看不到它。这时的月相叫"新月"或"朔"。新月过后，月亮渐渐从地球与太阳中间走出来，我们能看见一个弯弯的月牙，这时的月相叫"娥眉月"。到了农历初八左右，随着月亮与太阳位置的变化，我们能够看到像英文字母"D"一样的半月，这种月相叫"上弦月"。此后，月亮一天天圆润起来，这时叫"凸月"。到了农历十五左右，月亮光亮的部分完全对着地球，我们看到的是圆圆的月亮。这时的月相叫"望月"或"满月"。

满月之后，月亮因与太阳位置的变化，逐渐"消瘦"起来，经过凸月、下弦月、残月后，又重新回到新月的位置。月亮经过这样一个周期的变化，就是一个"朔望月"。我国农历的天数就是根据朔望月制定的。其实，满月之前的娥眉月、上弦月、凸月和满月之后的凸月、下弦月、残月是两相对应的，它们两两的形状差不多，只是圆缺的位置发生了变化。

延伸阅读

月面上出现的红色斑点

天文学家们还不止一次在月球面上发现神秘的红色斑点。也是那个阿利斯塔克环形山，美国洛韦尔天文台的两位天文学家在观测和绘制它及其附近的月面图时，先后两次在这片地区发现了使他们惊讶的红色斑点。

第一次是在1963年10月29日，一共发现了3个斑点：先是在阿利斯塔克以东约65千米处见到了一个椭圆形斑点，呈橙红色，长约8千米，宽

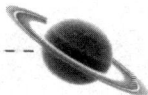

约2千米。在它附近的一个小圆斑点清晰可见，直径约2千米。这两处斑点从暗到亮，再到完全消失，大约经历了25分钟的时间。第三个斑点是一条长约17千米、宽约2千米的淡红色条状斑纹，位于阿利斯塔克环形山东南边缘的里侧，出现和消失时间大体上比那两个斑点迟约5分钟。

第二次他们观测到奇异的红斑是在1个月之后的11月27日，也是在阿利斯塔克环形山附近，红斑长约19千米，宽约2千米，存在的时间长达75分钟。这次由于时间比较充裕，不仅有好几位洛韦尔天文台的同事都看到了红斑，还拍下了一些照片。为了证实所观测到的现象是确实存在的，他们还特地给另一个天文台打了电话，告诉那里的朋友们赶快观测月球上的异常现象，但故意没有说清楚是在月球上的什么地方。得到消息的天文台立即用口径175厘米的反射望远镜（那两位洛韦尔台的天文学家用的是口径60厘米折射望远镜）进行搜寻，很快就发现了目标。结果是，两处天文台观测到的红斑的位置完全一致，说明观测无误。红斑确实是存在于月面上的某种现象，而不是地球大气或其他因素造成的幻影。

这两次色彩异常现象都发生在阿利斯塔克环形山区域，而且都是在它开始被阳光照到之后不到两天的时间内。考虑到这些方面，有人认为月面上出现红色斑点的现象可能并不太罕见，只是不知道它们于什么时间、在什么地区出现，而且出现和存在的时间一般都不长，要观测到它们就不那么容易了，需要具备较大和合适的观测仪器，以及丰富的观测经验和技巧，同时认为这类现象可能与太阳及其活动有关。另一种意见则认为，这类变亮和发光现象经常发生，单是在阿利斯塔克环形山区域，有案可查的类似事件至少在300起以上，表明它们是由于月球内部的某种或某些长存原因引起而形成的。

月亮上的奇妙现象——月食

月亮是太阳系中第五大的卫星，虽然它的表面非常黑暗，但它仍是天空中除了太阳之外最亮的天体。规律性的月相变化，自古以来就对人类文化，如语言、历法、艺术和神话等产生重大影响。

月食是一种奇妙的自然现象。古时候，人们不懂得月食发生的科学道理，对月食也心怀恐惧。国外有人传说，16 世纪初，哥伦布航海到了南美洲的牙买加，与当地的土著人发生了冲突。哥伦布和他的水手被困在一个墙角，断粮断水，情况十分危急。懂点天文知识的哥伦布知道这天晚上要发生月全食，就向土著人大喊，"再不拿食物来，就不给你们月光！"到了晚上，哥伦布的话应验了，果然没有了月光。土著人见状诚惶诚恐，赶快和哥伦布化干戈为玉帛。这当然只是个传说。

月食可分为月偏食、月全食及半影月食三种。当地球运行到月球和太阳之间时，太阳光正好被地球挡住，不能射到月球上去，月球上就出现黑影，这种现象就是"月食"。太阳光全部被地球挡住时，叫做"月全食"；部分被挡住时，叫"月偏食"。月全食发生时，

月 食

地球背对着太阳的一面（处于夜间那面）上的居民都能看到这种现象。月食过程的时间比日食要长，单月全食阶段就可长达 1 小时。

月食都是从月球的左边开始的，月全食的全过程可分为初亏、食既、食甚、生光、复圆五个阶段。

初亏：月球与地球本影第一次外切，标志月食开始。

食既：月球的西边缘与地球本影的西边缘内切，月球刚好全部进入地球本影内，月全食开始。

食甚：月球的中心与地球本影的中心最接近，月全食到达高峰。

生光：月球东边缘与地球本影东边缘相内切，这时全食阶段结束。

复圆：月球的西边缘与地球本影东边缘相外切，这时月食全过程结束。

由于白道和黄道有一个角度，因此月球并不是每个月都会转到地球的影子中，不可能月月都出现月食现象。月食出现的时间是不定的，一年大约会发生一两次。如果第一次月食是在一月份，那么这一年就有可能发生

三次月食。有时一年一次月食都没有，而且这种情况常有，大约每隔五年，就有一年没有月食。据观测资料统计，每世纪中半影月食、月偏食、月全食所发生的百分比约为 36.60%、34.46% 和 28.94%。

很多人都见过日环食，却没有听说过"月环食"。"月环食"是根本不可能发生的，因为地球的直径是月球的 4 倍，即便是在月球的轨道上，地球本影的直径仍是月球的 2.5 倍。地球的影子完全挡住了阳光，所以就不可能有"月环食"了。

知识点

月　相

在地球上，我们可以看见光芒四射的月亮有月牙、半月和满月不同的形状。月亮这种盈亏圆缺的变化，在天文学上叫做"月相"变化。月亮为什么会有这种变化呢？

月亮本身不发光，只有靠反射太阳光才发亮。也就是说，它被太阳照射到的部分是明亮的，太阳照不到的部分则是黑暗的。月球绕地球运动，使太阳、地球、月球三者的相对位置在一个月中有规律地变动着。这种变动使月亮明亮的部分有时正对着地球，有时侧对着地球，有时背对着地球，这样我们在地球上看到的月亮就出现了圆缺的变化。

延伸阅读

月光对植物的影响

科学家们发现月光对植物的生长发育起着鲜为人知的作用。长期得不到月光的植物不但木质疏松，而且树干细弱易断。而那些受到损害的木质纤维，太阳光的照射只会使它们形成更大的疤痕，但月光的照射却会使其伤口愈合。月光对植物的影响远非这些。如杜鹃花在月光下会开得稠密，

栀子花和茉莉在较强的月光下香气最浓。

法国学者费雪里在一本书中总结了各国合理利用月光的经验，例如，核桃在满月时打落，不仅油脂最丰富，而且还容易被消化吸收；草莓应避免在满月和新月时栽种、剪枝和采摘。

有些农学家还建议，播种植物除按季节规律外，还要选择适合的月相。最好在新月时种植山药、茄子、蚕豆、洋葱等；在上弦月时种植四季豆、萝卜、西红柿、芹菜、豌豆等；满月时播种大蒜、土豆……

滴水不含的月海

像地球表面结构特征一样，月球表面主要分两大构造单元，即月海和月陆。

月球表面共有22个月海，向着地球的月球正面有19个，背面有3个。月海虽叫做"海"，但徒有虚名，实际上它滴水不含，只不过是较平坦的比周围低洼的大平原，它的表层覆盖类似地球玄武岩那样的岩石，即月海玄武岩。月球正面的月海面积约占半球面积的50%，背面的月海面积只占那半个球面的2.5%。大多数月海呈闭合的环形结构，周围被山脉包围着，山与海的形成有密切关系，月球质量瘤就与这类月海相对应。正面的月海多数是互相沟通的，形成一个以雨海为中心的更大的环形结构。背面的月海少，而且小，同时，都是独立存在，没有互通的。月背中央附近没有月海。月背有一些直径在500公里左右的圆形凹地，称为类月海。正面没有类月海。月海主要由玄武岩填充。根据月海的这些特征，科学家们可进一步考查月海是如何形成的。

早在19世纪末，美国地质学家吉尔伯特就注意到月海的特征。他首先提出雨海的形成问题。他认为雨海是典型的环形月海。它是由外来的巨大陨石撞击在月面上，将月球内部岩浆诱出，大量岩浆漫布月面，而破碎的陨石物质及月面物质被抛向四周，形成环形月海。这就是吉尔伯特提出的"雨海事件"。据计算，这次事件的"肇事"陨石直径约20千米，它以每秒2.5千米的速度撞击月面。对月球考察的许多事实支持了吉尔伯特的观

点，这也就是月海形成的外因论。美国"阿波罗14号"载入飞船的着陆点，就选在雨海事件的喷射堆积物——弗拉·摩洛地区上。从这里采集的岩石样品几乎都有遭受过冲击和热效应的明显特点。

雨海的面积约88.7万平方公里，比我国青海省稍大一点。在22个月海中，雨海面积仅次于风暴洋，屈第二位。它和风暴洋、澄海、静海、云海、酒海和知海构成月海带。从地形的角度看，它是封闭的圆环形，四周群山环抱，属典型的盆地构造。从地势的角度看，雨海地区非常复杂，极为壮观。

它囊括了月面构造的诸多方面。因此，雨海区域很早就引起了天文学家们的兴趣。

从月海形成的外因论看，天文学家又找到一个最有说服力的典型冲击盆地，它就是享有盛名的东海盆地。东海盆地主要在月球背面，直径约1000公里。它的中央区是东海，东海直径约250公里。人造月球卫星拍下了清晰的东海和东海盆地的照片，充分显示出东海外围有三层山脉包围，形成巨大的环形构造区。

与此同时，也有些科学家认为，环形月海是月球自身演化的产物。他们根据月海玄武岩年龄鉴定，推知月海玄武岩有5次喷发。大致时间是在距今39亿～31亿年前之间。月海形成的先后次序为：酒海—澄海—湿海—危海—雨海—东海。

然而，上述提到的只是假说，还没有形成定论。月海到底是如何形成的呢？还有待进一步研究。

知识点

月 陆

我们在地球上看到的月亮表面，有明有暗，暗的区域是月海，而月面上明亮的部分是月陆。月陆也被称为月球高地，如果你降落的在月陆区域，你将看到那里峰峦起伏，山脉横贯。月陆是月球上最古老的地理单元，形成年龄比地球最古老的岩石和月海玄武岩都要老，达

42 亿~43 亿年。

月陆地区有大量的山脉，虽然月球比地球小得多，但月球表面的最大起伏可达 16 千米（地球最高处和最低处相差约 20 千米）。月球山脉主要分布在月球的正面和背面月海的边缘，最大的山脉叫亚平宁山，长 6400 千米，许多山峰高达 4000 多米；最高的山位于月球南极附近的莱布尼茨山，高达 6100 米，几乎可与地球上的喜马拉雅山比肩。月球上的山脉大多数以地球上山脉的名字命名，如亚平宁山脉、高加索山脉、阿尔卑斯山脉等。

月陆表面是由结晶岩石组成的，主要的岩石类型有斜长石和富含镁的结晶岩套，另外有一种很有经济价值的岩石，其主要成分为钾、稀土元素和磷，科学家称之为克里普岩。斜长岩由 95% 的钙长石及少量的辉石、橄榄石组成。富镁的结晶岩包括苏长岩、橄长岩、纯橄岩、尖晶石等矿物组成。

克里普岩最早是在阿波罗 12 号飞船采集的月壤样品的浅色细粉末中发现的，后来发现在月陆上分布很广泛，是岩浆分异或残余熔浆结晶形成的富含挥发组分元素的岩石，形成方式与地球上的花岗岩相似，因此也被称为"月球上的花岗岩"。

由于陨石的猛烈撞击，60% 以上的月陆岩石都因撞击破碎，部分熔融而胶结成为角砾岩。角砾岩的岩石类型、矿物组分和化学成分极不均匀。

延伸阅读

月球是空心还是实心

月球表面是不存在生命迹象的，那么月球的表层下是怎样一个世界呢？

苏联著名天体物理学家瓦西里和晓巴科夫曾在《共青团真理报》上撰文指出："月球可能是外星人的宇航站。球是空心的，在它的表层下存在一

个极为先进的文明世界。"

这一胆大而又离奇的假说发表后，引起了科学界的震惊，人们很快联想到在"阿波罗"探月过程中曾发生过的一件事：当时两名宇航员回到指令舱后，登月舱突然失控坠毁在月球表面，设置在离坠落点72千米处的地震记录仪，记录到了持续15分钟的震荡声，这种声音犹如一只大钟和大锣鼓所发出的声响。而在"阿波罗12号"探月时，碰撞月球所发出的回声还持续了4小时。如果月球是实心的，这种声音只能持续一分钟左右。

另外科学家在月球上还发现了有类似地震那样的月震，月震的震级很弱，最大的月震也只相当于地震的一二级，但震动持续时间却很长。所有这一切似乎反证了"月球是空心的"。

然而，有些科学家认为，月震持续时间比地震长，其原因在于月球上没有水和表面松散的沉积层，正是由于水和松散沉积层对地震有一定的吸收作用，才使地震波很快衰减。有的科学家还认为，月球的内部结构与地球完全相同，是由月核、月幔及月壳组成，而并非空心的。

月球体内有"肿瘤"

在人类对月球的一系列发现中，有这么一种奇怪的现象：月球体内存在着不寻常的物质瘤，而且不止一个。月球也会生病吗？月球怎么会长瘤子呢？

这是什么类型的瘤子？就像医生通过仪器给人体检，发现病人体内有变异的肿块一样，科学家们已经确诊，月球体内有"肿瘤"。

月球体内的质量瘤不是科学家用什么仪器给月球体检发现的，而是根据月球对绕它运动的人造天体的引力变化推测出来的。1966年8月至1967年8月，美国为人类登月积极做准备，先后共发射5个"月球轨道环行器"飞船。

它们航行到月球后，成为环绕月球运动的人造月球卫星，实现对月球近距离全面考察。"环行器"飞船在环绕月球运动的过程中，有时发生莫名其妙的抖动和倾斜。这种令人担忧的不正常运动，引起宇航员的充分注意。他们偶尔地发现，每当"环行器"飞船接近月面的环形月海时，便产生抖动和倾斜。飞船与月面最近时有40多公里，难道这种奇怪的抖动真与

月球质量瘤

月海有什么关系吗？月海表面非常平坦，它上面能有什么奇异的物质呢？这或许是什么巧合？科学家们经过严密的思考和多次验证，判定这和环形月海下面的物质有关系，更进一步说，和环形月海的形成有密切关系。

科学家们肯定了这种对应关系以后，进一步思考的是：月海是怎样形成的呢？月海下面有什么奇特的物质吗？到底是什么力量引起飞船抖动呢？是什么波的干扰，还是什么光的作用？看来都不可能。最大的可能就是引力增强这个因素。接下来要继续思考的问题是：为什么这些月海产生引力增强呢？

很自然，月海下面应有高密度的异常物体。这种物体在月球体内就像"肿块"一样。因此，科学家们给这种物质起了一个形象化的名字，叫月球质量瘤。也有人称之为重力瘤或聚积物。

深藏在月球体内数十亿年的异物，没有逃出科学家们的慧眼。这项意外发现，对研究月球内部结构，探索月表结构的演化，特别是判别环形月海的形成都有直接帮助。对研究早期的太空环境，特别是地—月系空间环境更有重要意义。

知识点 ▶▶▶▶▶

月球质量瘤

月球质量瘤亦即月球上的质量密集区，是月球的重力正异常区。史密斯海、危海、澄海、雨海、酒海、湿海等撞击盆地都有正的重力异常。质量瘤的存在表明月壳是足够刚性的，可以长期支持质量瘤的

过剩质量。关于质量瘤的成因主要有两种观点：外因说认为质量瘤是由一些小天体落在月表形成的，原因是这些小天体的密度比初始月壳的密度要大，而内因说则认为它们是月球本身演化的产物。

研究发现，质量瘤的出现可能与陨石坠落有关。这些质量瘤所在的月海都由较为致密的玄武岩所形成，可能来自距离月球6千米深的岩浆。由于月球的地壳较薄，若较大型的陨石在月球表面坠落，可能会击穿地壳，使地壳底下的月幔涌出表面。而由于月幔含有不少金属，密度相对比地壳较高，使质量瘤形成；相反地，一些由较细小的陨石造成的陨石坑，由于并没有穿透地壳，所以并未有产生质量瘤。

延伸阅读

月球明暗界线的光点

1985年5月23日，希腊的一位学者正在调试自己口径为11厘米的折射望远镜。当时月球的月龄为4，也就是从月朔算起，大体上只过了4天的时间。在连续拍摄的7张月球照片中，有1张吸引了大家的注意，照片上出现了一个事先没有预料到的清晰的亮点。经过核查，亮点位于月球明暗界线附近的普洛克鲁斯C环形山地区。

对此，希腊学者提出了一个大胆的假设。他认为由于月面没有大气，被太阳照亮的月面部分的温度，与没有太阳照亮部分的温度相差悬殊。当太阳从月面上某个地区日出时也就是从那些正好处在明暗界线附近的地区日出时，一下子从黑夜变为白天的那部分月面温度迅速升高，从零下100多摄氏度升到100多摄氏度。强烈而迅速的温度变化使得月球岩石胀裂开来，被封闭在岩石下面的气体突然冲到月面，迅速膨胀，产生了明亮而短暂的发光现象。

最近，美国的一位通讯工程师也提出了类似的看法。他曾检测过一些从月球上采集回来的月球岩石标本，发现岩石中含有像氮和氩之类的挥发

性气体。他认为，月岩热破裂时释放出来的电子能，完全有可能把挥发性气体点燃，引起短暂的闪光现象。他还表示，他的设想并非毫无根据。据说，月球岩石在地面实验室里进行人工断裂时，确实曾放出过小火花。

过去也确实多次有人在月球明暗界线附近，发现过这类短暂的发光现象。但是，在得不到阳光的月球阴暗部分，也曾观测到过这种闪闪发光现象。

月面上美丽的辐射纹

月面上有月海、月谷、环形山等地形构造，但最耐人寻味的秘密之一，是一些较"年轻"的环形山周围常带有美丽的"辐射纹"。所谓辐射纹，指的是从一些较大的环形山，像第谷、哥白尼、开普勒等环形山，向四面八方延长开去的亮线状构造。它几乎以笔直的方向穿过山系、月海和环形山。第谷环形山的辐射纹特别引人注目，至少有 12 条，而且在满月时看起来非常明亮，最长的一条长 1800 千米，一直延伸到月背部分。哥白尼和开普勒两个环形山也有相当美丽的辐射纹。部分小环形山也有辐射纹。据统计，具有辐射纹的环形山有 50 个。

迄今还没有一个人能够确切地说清楚这些辐射纹最初是怎么形成的，或者阐述明白它们究竟是由什么东西组成的。实质上，它与环形山的形成

月面辐射纹

理论有密切联系。一般都是这样认为的：陨星撞击月面而形成环形山的同时，把原先在环形山口内的一部分物质向四面八方溅射开去，而后回落到月面，形成辐射纹。

我们可以做个简单的实验。在一张黑纸上，放上一小堆白粉末，用钢匙的背部突然猛击粉末堆中央，你会看到粉末溅射并落在四周，这情景与辐射纹的形成也许有

点相像。

由于月球上没有空气、没有风来干扰落在环形山周围的那些溅落物，它们能一直原封不动地保持着当初形成时的模样。

另一种观点则认为，陨星袭击月面而形成环形山时，把原先在月球表面以下的、轻而带色彩的物质，从环形山口向外抛出而成为辐射纹。陨星撞击而产生高温和类似爆炸那样的现象，于是把月球物质溶化为玻璃质那样的东西。玻璃质粒子比较容易反射光线，同时也可以比较容易地解释为什么辐射纹的亮度随着月相的变化而变化。

在满月时，用望远镜即可清楚地看到辐射纹。辐射纹宽度一般为数公里，长度都超过数百公里。成为月面的一道风景。

知识点 >>>>>

月 谷

月谷是月球表面一种地形构造。月面上不少地区曾发现一些黑色大裂缝，弯弯曲曲延伸数百公里，宽几公里到几十公里，好像浩浩荡荡奔赴海洋的河流，形状与地球上的东非大裂谷相似，称之为月谷。

较宽大的月谷大多出现在月陆上较平坦的地区；最大的里塔月谷位于南海东北部，詹森环形山东面的月陆上，总长达 500 千米；最宽的莫希拉米月谷在东海盆地南边，巴德环形山附近的月陆上，约有 40～55 千米。而那些较窄、较小的月谷（有时称为"月溪"）则到处都有。

最著名的月谷是阿尔卑斯大月谷，从柏拉图环形山东南一直"流入"平坦的雨海和冷海，它把月面上的阿尔斯山脉拦腰截断，很是壮观。从太空拍得的照片资料估计，它长达 130 千米，宽达 10～12 千米。

月谷往往有一定的走向，它的产生原因是一个很有意义的值得研究的课题。根据"阿波罗—15 号"宇宙飞船获得的资料分析，月谷可能是由顺山而下的岩浆形成的。

延伸阅读

正在远离人类的月球

月球绕地球公转时，可以产生对地球的潮汐引力，导致地球上海水出现涨落变化。同样地，地球也可以产生对月球的潮汐引力，两者相互作用。这两种潮汐的摩擦，正在使地球自转速度减慢，引起地球变形，质量分布发生变化。与此同时，月球绕地球公转的速度加快，离心力增大迫使月球逐渐螺旋式地远离地球，进入越来越大的轨道。

目前，科学家已经证实月球正以每年 3.8 厘米的速度远离地球。一些科学家认为，这样的情况会一直持续下去，直到地球也始终以同一面朝向月球为止。如果，真有那一天，地球上一天的时间将会特别长，大概相当于现在的 40 多天。

人类的第一次登月

1959 年 1 月，前苏联成功发射了人类首枚月球探测器，由此拉开了人类登月的序幕。

1969 年 7 月 16 日，巨大的土星 5 火箭（约 40 层楼房高）在百万人的关注下缓缓升空。这一天，天空晴朗，万里无云，似乎亘古沉睡的月球正静静等待着"土星5"运送地球使者的来访。当"土星5"把"阿波罗11号"飞船送入近地轨道后，后者便开始独自飞向月球。

"阿波罗"飞船上载有 3 名航天员，指令长是尼尔·阿姆斯特朗，登月舱驾驶员是埃德温·奥尔德林，指令舱驾驶员是迈克尔·柯林斯。从地球到月球大约有 38 万千米，"阿波罗11号"飞船上载着 3 名航天员经过 75 小时的长途跋涉，于 19 日进入月球引力圈。20 日清晨，"阿波罗"到达月球上空 4900 千米后，接到休斯敦飞行指挥中心命令，减速飞行，进入月球轨道，于是飞船服务舱发动机逆向喷射，进入了远月点 313 千米、近月点

113千米的椭圆轨道，此时飞船绕月球一圈只需两小时。在月球轨道上，航天员们紧张地进行登月前的准备工作，其中最主要的一项是阿姆斯特朗和奥尔德林进入名叫"鹰"的登月舱，而柯林斯则仍留在称作"哥伦比亚"的指令舱中。

伟大的时刻终于来临了。21日2时许，登月舱的发动机被点燃，使它与指令舱分离。指令舱由柯林斯驾驶继续绕月飞行，而登月舱则载着两名航天员缓慢向月球飞行。当阿姆斯特朗看到窗外要降落的地方有乱七八糟的卵石时，便决定继续飞行，寻找平坦的地方。最后奥尔德林手控登月舱在月面"静海"的一角平稳降落，登月获得成功。

他俩向窗外眺望，进入眼帘的是一个遍布陨石坑和大石块的陌生世界。虽然他俩都情不自禁地想走出去看一下这块神秘的地外之地，但还是自我克制地按预定计划，等待地面中心指令。他们先在舱内美美地睡了一大觉，醒后在舱内吃了月球上的第一顿饭，又检查了舱内仪器、燃料装置、氧气供应情况。当一切都经过精确无误地核对后，阿姆斯特朗与奥尔德林彼此帮助穿上登月服。

7月21日11时56分，阿姆斯特朗打开登月舱舱门，挤出去，小心翼翼地把梯子竖下月面，他带着电视摄像机慢慢走下梯子，踏上了人们为之梦想了数千年的月球，这时他说："对我来讲这是一小步，而对于全人类而言这又是何等巨大的飞跃。"19分钟后，奥尔德林紧步阿姆斯特朗的后尘，走出登月舱。当他走到月面上时，第一句话就赞叹说："啊，太美了!"他也像阿姆斯特朗一样，很快学会了地球人不习惯的移动方法：跳跃。他俩时而用单脚蹦，时而又用双脚跳，有些像袋鼠。两人首先在月球上放置了一块金属纪念牌，上面镶刻着："1969年7月。这是地球人在月球首次着陆的地方。我们代表全人类平安地到达这里"。

人类登月

7月22日下午1时56分，阿姆斯特朗奉命指挥"阿波罗—11"飞船指令舱离开月球轨道，踏上返回地球的旅途。7月25日清晨1时50分，"阿波罗—11"飞船指令舱载着三名航天英雄平安降落在太平洋中部海面，人类首次登月宣告圆满结束。

知识点 ▶▶▶▶▶

月球探测器

　　月球探测器是对月球和近月空间探测的宇宙飞行器。分为无人探测和载人探测两个阶段。迄今，人类已经向月球发射过几十颗探测器，有苏联的"月球"号系列，美国的"徘徊者"号系列、"月球轨道环行器"系列、"月球勘测者"系列和"阿波罗"载人飞船系列等。首先是进行无人探测，它们各自携带所需的仪器设备，前往月球的周围空间或深入月球本土探测，初步摸清月球的性格和脾气。这些仪器设备主要有电视摄像机、无线电通信设备、月岩采集器、月球车等。

　　探测方式有飞近月球拍照；将探测器直接撞击月岩（探测器的仪器工作到碰撞月岩时才终断；绕月拍摄月球背面照片；采用着落月面之前启动探测器上的逆向火箭，使探测器缓慢软着落，软着落后探测器仍然可以继续探测；围绕月球轨道环行，对月球拍摄特号镜头；用采集器采集月岩，分析月球的月质条件；利用月球车对月面进行考察和在月面做科学实验。

　　经过无人探测打下基础，紧接着开始载人探测。1969年7月16日美国发射的"阿波罗—11号"载人飞船登月舱在月面着落，使神话"嫦娥奔月"成为现实，宇航员在月面行走，成为"奔月"的男"嫦娥"。其后，"阿波罗"的另5艘载人飞船登月舱也相继登月成功，详细地揭示了月球表面结构性质、月球表面物质的化学成分和物理性能，并探测了月球的重力、磁场和月震等。人类撩开了月亮女神神秘的面纱，一睹她秀丽的丰采。

漫步月球的感受

月球的物理性质与地球不同，人在月球上会有许多与众不同的特殊感受。声音通常通过空气传播，月球表面几乎没有空气，无法传播声音，所以在月球上如果不借助特殊的仪器，即使有个人站在你面前大喊大叫，你也听不到任何声音。由于月球上没有空气，月表被太阳照射到的地方，温度高达120℃，没有被太阳照射到的地方温度则为－180℃。人类乘宇宙飞船到月球上去，在这两种地区降落都不行，可以降落在这两种地区相交的地方，那里温度不太高也不太低。

月球上没有水蒸气，自然也就没有雨、雪、雹、云、雾、霜、露等与水有关的天气现象。月球上也有东南西北，但不能用指南针辨别方向，因为月球磁场非常弱，磁针转动不灵，所以宇航员多根据太阳的影子来推算方向。

月球自转的速度很慢，在月亮上的一天要比在地球上长得多。月亮上一整个白昼要经过约330个小时，再经过这么长时间才完成一昼夜。然而准确地讲，地球一昼夜是23小时56分4秒，那么月亮的一昼夜就相当于地球上的27.32天。

人在月球上行动有诸多不便，科学家们为什么还对月球特别感兴趣呢？这主要有以下几个原因：月球是离地球最近的一颗星球，人类如果移民，那么它将是最近的归宿；月球离地球近，相对其他星球比较容易运送物资，可作为人类了解其他星球的空间中转站；而且月球上几乎没有空气，这便于人类观测其他星球。

太阳是一个炽热的火球

人类先人由于对天文知识不了解，认为阳光普照大地是神在起作用，对太阳非常崇拜，创造出的最早的神就是太阳神。其实太阳是一个炽热的火球，它源源不断地发出光和热，滋润着人类和万物。如果没有来自太阳的光和热，万物就不能在地球这颗行星上生存。本章我们认识万物生长之源的太阳。

太阳有着巨大能源

光芒万丈的太阳是自己发光发热的炽热的气体星球。它表面的温度约6000℃，中心温度高达1500万摄氏度。太阳的半径是696 000千米，是地球半径约109倍。它庞大的身躯里可以容纳130万个地球。太阳的质量为1.989 27×10吨，是地球质量的332 000倍，是八大行星总质量的745倍。知道了太阳的体积和质量，你能不能知道太阳的密度呢？先想一想。太阳的平均密度是每立方厘米1.4克，约为地球密度的1/4。

太阳与我们地球的平均距离约1.5亿千米。这是一段多么遥远的空间距离啊！光的速度每秒约30万公里，从太阳上发出的光到达地球需要8分多钟。

这段距离在天文学家们的眼里，认为并不遥远，他们常常把这段距离当作测量太阳系内空间的一把尺子，给它一个名称叫"天文单位"。你看，这是多么大的一把尺子啊！正因为如此，我们从地球上看到的太阳才好似

"圆盘"大小。它在天空中对我们的张角大约半度。然而，我们已充分感受到了太阳强烈的光芒和酷热的照射。你可以静静地想一想，地球上的动物、植物和微生物，不都是靠太阳来维持生命吗？埋在地下的煤、石油和水，不也是太阳能量的转换产物吗？地球大气和海洋的活动现象不也是太阳能量的作用吗？地球上除原子能以外，太阳是一切能量的总源泉。"万物生长靠太阳"确有它深刻的内涵。

太阳慷慨无私，向我们免费提供如此巨大的能量，整个地球接收的太阳能有多少呢？太阳发射出的能量有多大呢？科学家们设想在地球大气层外放一个测量太阳总辐射能量的仪器，使它垂直太阳的光束，这样测得的辐射不受地球大气影响，在每平方厘米的面积上，每分钟接收的太阳总辐射能量是 1.97 卡。这个数值叫太阳常数。这个能量足以使 1 立方厘米的水温升高约 2℃。如果将太阳常数乘上以日地平均距离作半径的球面面积，这就得到太阳在每分钟发出的总能量，这个能量约为每分钟 2.273×10^{23} 焦耳。如果再把这个热辐射能换算成机械功率，约为 3.68×10^{23} 千瓦。然而，太阳虽然作出如此惊人的奉献，但是地球上仅接收到这些能量的 22 亿分之一。可是，就是这微乎其微的能量，足以使地球上享受到温暖和充足的阳光。太阳每年送给地球的能量约相当于 100 亿亿度电的能量。比全世界总发电量要大几十万倍，太阳能取之不尽，用之不竭，又无污染。随着科学技术的飞速发展，人类必将在利用太阳能方面再创辉煌。

在茫茫宇宙中，太阳只是一颗非常普通的恒星，在广袤浩瀚的繁星世界里，太阳的亮度、大小和物质密度都处于中等水平。只是因为它离地球较近，所以看上去是天空中最大最亮的天体。其他恒星离我们都非常遥远，即使是最近的恒星，也比太阳远 27 万倍，看上去只是一个闪烁的光点。

太阳位于银道面之北的猎户座旋臂上，距离银河系中心约 30 000 光年，在银道面以北约 26 光年，它一方面绕着银心以每秒 250 千米的速度旋转，周期大概是 2.5 亿年，另一方面又相对于周围恒星以每秒 19.7 千米的速度朝着织女星附近方向运动。太阳也在自转，其周期在日面赤道带约 25 天；两极区约为 35 天。

知识点

密 度

把某种物质单位体积的质量叫做这种物质的密度。国际主单位为千克/立方米，就是取 1 立方米物质的质量作为物质的密度。对于非均匀物质则称为"平均密度"。

密度，是物质的一种特性，不随质量和体积的变化而变化，只随物态变化而变化。物体间在同种质量下体积越小密度就越小；体积越大，密度就越大。

延伸阅读

太阳也要抖动

太阳有一种奇怪的周期性"颤抖"现象，这是指它的半径会经历收缩——伸张——收缩的重复过程。太阳每"颤抖"一次的周期是很长的，约为 76 年，随着太阳半径的增大与缩小，太阳的亮度也会随之而变化。尽管太阳"颤抖"时，它的半径变化率仅占整个太阳半径的 0.02%，但对地球的气候已造成了一定影响。据观测，当太阳半径变大时，太阳黑子就相应减少。这时正处在 76 年变化周期的初期，太阳处于"较冷"的阶段，地球上各地的气温也相对较低。而在这之后的 185 年，太阳的亮度达到最大值，而这个最大值又将导致地球上出现相对的高温天气。我们知道，太阳黑子不一般，它对地球的影响很大。有的科学家认为，地球上的许多现象的变化都同太阳黑子有关，如树木年轮的变化，甚至海虾的丰歉也同黑子数目有密切联系。在黑子最多的那一年，海虾的产量最大。可见，太阳"颤抖"也会影响地球。

畅游天文世界

太阳系的形成

　　大约在 50 亿年以前，太阳系还是一片原始的混沌世界。它不过是由极冷的氢原子、一氧化碳和甲醛等分子和细小得肉眼无法看见的碳元素、硅元素颗粒所组成的气体云的一部分。这种气体云叫暗星云。暗星云由于本身的引力而收缩，当收缩到一定密度时，内部出现了旋涡流，使得整个星云四分五裂，破碎成百个，甚至几千个小星云，其中之一就是形成太阳系的原始星云。

　　由于原始星云是在旋涡流中形成的，所以一开始它就自转。这样，原始星云一方面自转，一方面由于自身吸引力而收缩，使星云逐渐变扁，后来形成了连续的、扁扁的、内薄外厚的星云盘，这就是所谓原始的太阳系星云。这个原始星云的中心部分在收缩过程中密度不断增大，最终

太阳系

形成了自己发光发热的太阳。而周围的部分，尘粒相互碰撞，相互吸引，形成大颗粒，大颗粒又吸引周围的气体尘埃，逐渐长大，终于在 1000 万年左右时间内，形成了像行星那样的大小的天体。这就是太阳系的形成史。

　　太阳系包括太阳、大行星、行星的卫星、数千颗小行星，成千上万颗质量很小的彗星，流星体和极稀薄的气体尘埃。太阳质量占太阳系总质量的 99% 以上。太阳每秒钟辐射出大约 910.25 卡的能量。人类已经知道的大行星有八颗，按离太阳由近及远的顺序排列为水星、金星、地球、火星、木星、土星、天王星、海王星。其中木星、土星、天王星、海王星称为巨行星（它们的体积为地球体积的 15 ~ 318 倍），水星、金星、地球和火星的大小和质量相近，因此称它们为类地行星。已测定轨道的小行星接近 2000 颗，总质量约为地球的 1/3000。彗星的体积很大而质量极小。流星体是指形成流星亮光的本体，一般其不大于一粒豌豆。它们在穿经大气时，一般

71

DAO QITA XINGQIU QU LUXING

都被烧尽，也有少数比较大的落到地面，称为陨星。太阳系是银河系的一部分，距银河系中心约 10 秒差距（一秒差距为 326 光年）。一般认为太阳系年龄大于 46 亿年，大约在 46 亿~50 亿年之间。

太阳是太阳系的中心天体。太阳从中心向外可分为核反应区、辐射区和对流区、太阳大气。太阳的大气层，像地球的大气层一样，可按不同的高度和不同的性质分成各个圈层，即从内向外分为光球、色球和日冕 3 层。我们平常看到的太阳表面，是太阳大气的最底层，温度约是 6000℃。

太阳是唯一近到可以从地球上看清表面细节的恒星。太阳的可见表面称为光球。光球为一不透明的气体薄层，厚度大约是 400 千米，辐射出太阳能量的绝大部分，用望远镜仔细观察光球可以看到它的表面上存在的斑点结构，科学家把这叫做米粒组织。"米粒"直径约为 300~1450 千米，形状为不规则多边形，持续时间大约是 7~10 分钟。整个光球上大约有 400 万个米粒。光球之上是 5000 千米厚的内层大气，称色球层。色球层相当透明，它是一个剧烈活动区，日全食时能够看到它像一个带颜色的亮弧。在太阳的色球层之上则是极其稀薄的高温日冕。日冕的亮度很微弱，只有在日全食时用日冕仪才能看到。在太阳黑子活动极大年时，日冕的形状呈球形，冕流向各个方向延伸；而在太阳活动极小年时，赤道方向的冕流可延伸到几个太阳半径处。日冕的形状、结构和密度都随着太阳表面活动的强弱而变化。经计算，太阳内部的热核反应所提供的能量足以维持太阳 100 亿年寿命。

知识点

日全食

日全食是日食的一种，即太阳被月亮全部遮住的天文现象。如果太阳、月球、地球三者正好排成或接近一条直线，月球挡住了射到地球上去的太阳光，月球身后的黑影正好落到地球上，这时发生日食现象。在地球上月影里的人们开始看到阳光逐渐减弱，太阳面被圆的黑

影遮住，天色转暗，全部遮住时，天空中可以看到最亮的恒星和行星，几分钟后，从月球黑影边缘逐渐露出阳光，开始生光、复圆。由于月球比地球小，只有在月影中的人们才能看到日全食。日全食是相当罕见的现象。

上一次发生在中国的日全食是 2009 年 7 月 22 日，而下一次将会于 2035 年 9 月 2 日在我国北方发生，时长 1 分 29 秒。

延伸阅读

太阳经常发出"声音"

曾经有人发现无线电收音机收到一种带啸音的特殊信号。这种信号在日出时出现，到日落时就中止，夜里也听不见。于是科学家自然得出一个结论：带啸音的信号是太阳发出来的。后来这个结论得到了证实，科学家们发明了带"听觉"的天文望远镜——射电天文望远镜来观测太阳上所发生的事情。他们发现，太阳上的强烈扰动和地球上的磁暴的最初的报信者，往往正是太阳所发出的那种带啸音的信号，大约在太阳的强烈扰动的两三天以前，射电望远镜就开始收到这种信号。

那么日食时，人类还能收到太阳的信号吗？1947 年，科学家对这个问题进行了研究。当日全食来临时，太阳的最后一道光标消失在月球背后了。射电天文望远镜所收到的带啸音的信号虽然减弱了一些，但还是相当显著。甚至在日全食的时候，太阳的声音还在继续传到地球上来。可见月球并不能把太阳的无线电发射源遮断。科学家们还说，太阳的无线电信号不全是从太阳里面发出来的，有的是从日冕上发出来的。

73

DAO QITA XINGQIU QU LÜXING

太阳的光能发多久

太阳是距离地球最近的恒星。组成太阳的物质大多是些普通的气体，其中氢组成太阳的物质大多是些普通的气体，其中氢约占71.3%、氦约占27%。我们知道，太阳能发出光和热，就是因为它充满了能发光的气体。

太阳至今已经有四五十亿岁了，那么它的气体还能燃烧多久呢？随着科学事业的进展，科学家已经探明，太阳有它自己特有的燃料，就是氢元素。太阳内部的温度高达2000万摄氏度。在这种高温高压条件下，物质的质点都以每秒几百千米的速度运动着，它们之间互相猛烈地碰撞着，不断地进行着由4个氢原子聚变成一个氦原子的热核反应。太阳在每一秒钟发出的热量，大约是90亿亿亿卡的能量，这么大的热量在一小时内能把25亿立方千米的冰融化成水，而且还能把这些水烧开。经科学家计算，这种热核反应所提供的能量足以维持太阳100亿年的寿命。而此时的太阳只不过是它的青年时期而已，它还要工作几十亿年才能退休。

现代天文学的研究认为，几十亿年后，太阳将比现在燃烧得更猛烈，也亮得多。这就将消耗掉她越来越多的核燃料，直到剩下一点氢。然后，在未来的某一时刻，太阳核心的一切核反应都将停止。一旦太阳进入晚年时，她的内部不再有较多的氢燃料遗留在里面，于是很快的，她的内核火不再燃烧，最后收缩为一个小而热的、致密而暗淡的核。而太阳的外区则成为一个物质松散地联系在一起的气球体。内部收缩时产生的激波会将太阳的外层物质向外推，越推越远，外色层就会迅速膨胀，在短时间内胀大几百倍，与此同时冷却下来，温度下降几千倍。

最后，太阳将成为一颗冷而亮的红巨星。她的体积将扩大到占有地球绕日轨道以内的整个空间。她发出的耀光在几千光年以外都能目睹。等到太阳外层的气体一点也不剩的时候，剩下的只有一个炽热的白色的核，而这个核将不断收缩，发射完了她仅存的能量后，就不存在太阳了。

知识点

氢

　　氢是一种化学元素，化学符号为 H，在元素周期表中位于第一位。它的原子是所有原子中最小的。氢通常的形态是氢气。它是无色无味无臭，极易燃烧的由双原子分子组成的气体，氢气是最轻的气体。它的"体重"还不到空气的十四分之一，它的这种特点，很早就引起了人们的兴趣。在 1780 年时，法国一名化学家便把氢气充入猪的膀胱中，制成了世界上第一个、也是最原始的氢气球，它冉冉地飞向了高空。

　　氢是宇宙中含量最高的物质。氢原子存在于水及所有有机化合物和活生物中。导热能力特别强，跟氧化合成水。在 0℃和一个大气压下，每升氢气只有 0.09 克——仅相当于同体积空气质量的 14.5 分之一。（比空气轻 14.38 倍）

　　在常温下，氢气比较不活泼，但可用催化剂活化。单个存在的氢原子则有极强的还原性。在高温下氢非常活泼。除稀有气体元素外，几乎所有的元素都能与氢生成化合物。

延伸阅读

冥王星被划为矮行星

　　太阳系有九大行星，这个说法已被改写。在 2006 年 8 月 24 日于布拉格举行的第 26 界国际天文联会中通过的第 5 号决议中，冥王星被划为矮行星，并命名为小行星 134340 号，从太阳系九大行星中被除名。所以现在太

阳系只有八颗行星。也就是说，从 2006 年 8 月 24 日 11 起，太阳系只有 8 大行星，即：水星、金星、地球、火星、木星、土星、天王星和海王星。

国际天文学联合会对新的行星定义包括两点：一是行星必须是围绕恒星运转的天体；二是行星的质量必须足够大，它自身的重力必须和表面力平衡，使其形状呈圆球。一般来说，行星的直径必须在 800 千米以上，质量必须在 50 亿亿吨以上。

按照这一定义，目前太阳系内有 12 颗行星，分别是：水星、金星、地球、火星、谷神星、木星、土星、天王星、海王星、冥王星、原先被认为是冥王星卫星的"卡戎"和一颗暂时编号为"2003UB313"的天体。

近年来，太阳系边缘先后发现一些较大的天体，它们的大小居然与冥王星相当甚至比冥王星还大，这给传统的行星定义带来不小的冲击。为此，国际天文学联合会专门成立了一个由天文学家、作家和历史学家共 7 人组成的行星定义委员会。经过长达两年多的讨论后，终于有了新的行星定义。

日 冕

太阳大气的最外层我们称为日冕，日冕从色球边缘向外延伸到几个太阳半径，甚至更远。分内冕和外冕，内冕只延伸到离太阳表面不远处；外冕则延伸到很远。日冕由很稀薄的完全电离的等离子体组成，其中主要是质子、高度电离的离子和高速的自由电子。

在日全食的短暂瞬间，常常可以看到，在太阳周围除了绚丽的色球外，还有一大片白里透蓝、柔和美丽的晕光，这就是太阳大气的最外层——日冕。日冕的温度极高，最高可以达到 100 万℃。日冕层的大小、形状很不稳定，与太阳黑子的活动密切相关。在太阳黑子活动剧烈的年份，日冕呈圆形，向外伸展得很远；在太阳黑子活动较弱的年份，日冕就会变成扁圆形。

日冕里的物质非常稀薄，会向外膨胀运动，并使得热电离气体粒子连续从太阳向外流出而形成太阳风。太阳风不仅不凉快，反而温度高达 100 万℃，如果没有地球磁场的保护，它会对地球上的生命造成致命的威胁呢！

到其他星球去旅行

畅游天文世界

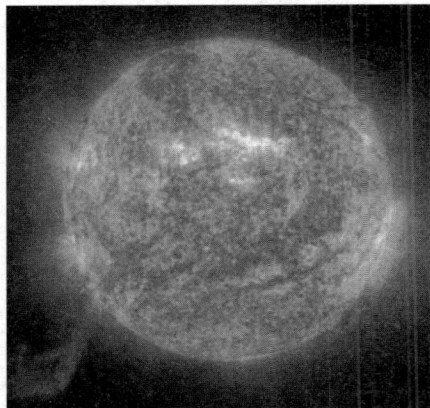

日　冕

因为太阳风是一种等离子体，所以它也有磁场，太阳风磁场对地球磁场施加作用，好像要把地球磁场从地球上吹走似的。尽管这样，地球磁场仍有效地阻止了太阳风的长驱直入。在地球磁场的反抗下，太阳风绕过地球磁场，继续向前运动，于是形成了一个被太阳风包围的地球磁场区域，这就是磁层。当太阳风吹到地球地磁极（在南北极附近）的时候，就会沿着磁场沉降，进入地球的两极地区，轰击那里的高层大气，激发其中的原子与分子，从而产生美丽的极光。在地球南极地区形成的叫南极光，在北极地区形成的叫北极光。

太阳风的增强会严重干扰地球上无线电通讯及航天设备的正常工作，使卫星上精密的电子仪器遭受损害，地面电力控制网络发生混乱，甚至可能对航天飞机和空间站中宇航员的生命构成威胁。因此，准确预报太阳风的强度对航天工作极为重要。

知识点

太阳黑子

太阳的表面并不是无瑕的，有时也会出现或多或少的黑斑，这就是太阳黑子。

我国对黑子的观测可以说是源远流长。各国学者公认的世界上最早的太阳黑子记录，详细地记载在我国古书《汉书·五行志》里："汉成帝河平元年三月乙未，日出黄，有黑气大如钱，居日中央。"据

专家考证，乙未应为己未。这指的是公元前28年5月10日的一次大黑子。这条记录不仅说明了黑子出现的日期，还描述了黑子的大小、形状和位置。

其实，我国还有更早的黑子记录，公元前140年前后成书的《淮南子·精神训》中有"日中有踆乌"的记载，踆乌就是黑子，再往前推，甚至可以上溯到3000多年前的殷代，殷墟出土的甲骨文中就不乏太阳黑子的记录。近些年来，我国天文工作者从公元前781年到公元1918年约2700年的历史典籍中，查出数百条有关黑子的记载，它们是极其宝贵的科学遗产。现代太阳物理学创始人、美国著名天文学家海耳曾高度赞扬说："中国古人测天的精细和勤勉，十分惊人。远在欧洲人之前约2200年，就有黑子观测，历史记载络绎不绝，而且记录得比较详细和确实，毫无疑问是可以通过考证而得到确认的。"欧洲人观测太阳黑子开始于意大利天文学家伽利略。1610年，伽利略用望远镜在雾霭中观察太阳，并看到了太阳黑子。与他同时使用望远镜观测太阳黑子的还有德国的赛纳尔、荷兰的法布里修斯和英国的哈里奥特。

延伸阅读

鲜艳的红太阳

无论你是在平地上还是在山上，看到一轮鲜艳的红太阳从地平线上冉冉升起，壮观而又美丽的自然景象使人赏心悦目，印象深刻，久久难忘。

日出和日落时，看起来太阳红得可爱，当它升得很高时就远没有那么红了。大家都明白，这不可能是太阳自己在那里一阵子"变"红脸，一阵子又变了别的什么颜色。是我们地球的大气在那里"变"了个小小魔术，把太阳装扮得更加漂亮了。

大气本身是没有颜色的，它用什么来为太阳"染"色呢？

"染料"是取之于太阳，而后又用之于太阳的。原来，太阳光并非是

单色的，是由 7 种主要颜色组成，它们是：红、橙、黄、绿、青、蓝和紫。如果你手上有个玻璃三棱镜，把它对着太阳，太阳光经过三棱镜就会"分解"成为一条由那 7 种颜色组成的光带。

大气也有这种把太阳光分解为 7 种颜色的本领，它靠的是漂浮在大气中的尘埃粒子、小水滴和气体分子等。夏天，雷雨过后，有时可以在天空中看到圆弧状的彩虹，它就是由大气中的尘埃等把太阳光折射后形成的。那 7 种颜色的"个性"都不一样，用科学术语来说，就是各自的波长不同，它们在空气中遇到前面讲的尘埃粒子等时，紫、青、蓝等最容易被挡住，或者被折射到另外的地方去，其次是绿和黄，橙和红的穿透本领最强。

早晨和傍晚的时候，太阳光是从侧面斜射到地面上来的，它比别的时候要穿过更厚的大气层，遇到尘埃粒子的可能性就更大，特别是这部分大气层如果比较混浊的话，那 7 种颜色的光中的大部分，都会先后被"挡驾"或被折射到别的地方去，于是只剩下黄和红、甚至主要是红色，穿过重重障碍、拨开云雾最后到达地面，"撞"在我们大家眼睛的视网膜上，于是，我们就看到了一个红得可爱的、红彤彤的红太阳。

我们完全可以根据上面说的，举一反三：在烟雾弥漫、空气中尘埃等漂浮物比较多的地区，或者在大雾的日子里，太阳就显得红些；在空气清新的地区、海边等地，从那里看到的太阳就不那么红。

月亮也有这种"变"红的现象，道理是一样的。

太阳的色球层

色球层厚约 2000 千米，密度比光球要稀薄，温度由内向外骤升，从几千度飙升到几万度。平时，我们用肉眼根本看不到它，只有发生日全食时，才能在月轮的边缘看到一丝纤细的红光，那就是色球的光辉。

色球上有许多针状物，就像跳动在太阳表面的小火苗，叫做"日针"。它们不断产生与消失，寿命一般只有 10 分钟。色球上还经常会出现一些暗的"飘带"，我们称之为"暗条"。当它转到日面边缘时，有时像一只耳朵，人们俗称它为"日珥"。日珥的形态千变万化，可分为宁静日珥、活

动日珥和爆发日珥。

色球上还有些局部明亮的区域，我们称为"谱斑"。有人认为它是光球上的光斑到达色球的产物。有时谱斑亮度会突然增强，这就变成我们通常说的"耀斑"。耀斑是太阳上最为强烈的活动，一般认为它出现在太阳的色球层，因此也叫它"色球爆发"。耀斑多出现在黑子区的上空，特别是在太阳活动峰年，耀斑出现频繁且强度变强。

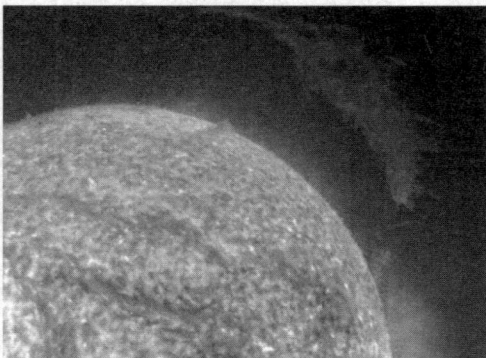

太阳色球层

耀斑出现的时间大都很短，每次为几分钟，最长达到几十分钟。从表面看，耀斑只是一个个亮点，实际上它一旦出现就是一次惊天动地的大爆发。它每次释放的能量都极大，最大有 10^{25} 焦耳，相当于 1 百万吨氢弹威力的 1 万亿倍呢！

耀斑出现时还伴有许多辐射，如紫外线、X 射线、Y 射线、红外线、射电辐射，还有冲击波和高能粒子流，甚至还有能量极高的宇宙射线。

耀斑爆发时，发出大量的高能粒子到达地球轨道附近时，会严重破坏无线电通信尤其是短波通信，电视台、电台广播会受到干扰甚至中断。2003 年 10 月 31 日，强烈的耀斑使我国的短波通讯受到全面影响。上午 9 点半，北京电波观测点，短波讯号完全中断，10 点 40 分左右才恢复，但讯号仍比较微弱。一直到 12 点，短波讯号才全部恢复正常。

知识点

>>>>>

谱　斑

谱斑是太阳光球层上比周围更明亮的斑状组织。

利用色球望远镜或太阳单色光观对它观测时，常常可以发现：在

光球层的表面有的明亮有的灰暗。这种明暗斑点是由于这里的温度高低不同而形成的，比较深暗的斑点叫做"太阳黑子"，比较明亮的斑点叫做"光斑"。光斑常在太阳表面的边缘"表演"，却很少在太阳表面的中心区露面。因为太阳表面中心区的辐射属于光球层的较深气层，而边缘的光主要来源光球层较高部位，所以，光斑比太阳表面高些，可以算得上是光球层上的"高原"。

延伸阅读

太阳的邻居

我们居家总要了解自己周围环境和邻居的状况。地球的空间环境和邻里就是太阳系内的行星际空间。那么，太阳系所处的恒星际空间又有哪些邻居呢？

我们知道，在银河系内约1000亿颗恒星中，离太阳最近的恒星是半人马座的比邻星，它离太阳约4.2光年，目视星等为11等星。可见，在距太阳4光年半径的恒星际空间是没有任何恒星的。只有太阳和它的家族在这里安居乐业。这是一个充满活力的空间。

在距太阳5光年之内，有3颗恒星。它们是：上面介绍的比邻星，还有与比邻星在一起组成目视三合星的另外两颗恒星。它是半人马座a星（甲星），叫南门二，它是全天第三颗最亮的恒星，约为0等星，它与我们太阳属同一类恒星，其体积和质量比太阳稍大一点，距太阳约4.3光年。另一颗星亮度为1等星，距太阳约4.3光年，体积和质量略比太阳小一点。第三颗星就是比邻星。在距太阳10光年内共有11颗恒星。除上面介绍的3颗恒星外，还有著名的蛇夫座巴纳德星。它是1916年由美国天文学家巴纳德发现自行最大的恒星，它每年目行10.31″，为9.5等星，距太阳5.9光年；大犬座天狼星，它是目视双星。甲星就是天狼星，是全天最明亮的恒星，距太阳约8.6光年，为－1.5等星。

另一颗乙星是天狼星的伴星，为 8.5 等星，距太阳也是 8.6 光年。

太阳的这些近邻各有特色，天文学家们早已把它们列为重要的研究对象。

日 珥

在色球上我们还可以看到许多腾起的火焰，这就是天文学中所说的"日珥"。日珥的形态真可以说是千姿百态。有的像浮云，有的似喷泉，有的仿佛是一座拱桥，有的宛如一堵篱笆，而整体看来它们的形状恰恰似贴附在太阳边缘的耳环，由此得名为"日珥"。天文学家把日珥分为宁静日珥、活动日珥和爆发日珥。最为壮观的当属爆发日珥，本来宁静或活动的日珥，有时会突然"怒火冲天"，把气体物质拼命向上抛出，然后回转着返回太阳表面，形成一个环状，所以又称环状日珥。这种日珥是很罕见的并且也很重要。它的重要性在于它像铁屑提供磁铁周围的磁力线一样，提供了太阳大气中不可见的磁场存在的证据。

日珥的上升高度约几万千米，一般长约 20 万千米，个别的可达 150 万千米。日珥的亮度要比太阳光球层暗弱得多，所以平时不能用肉眼观测到它，只有在日全食时才能直接看到。

日珥是非常奇特的太阳活动现象，其温度在 5000～8000K 之间，大多数日珥物质升到一定高度后，慢慢地降落到日面上，但也有一些日珥物质飘浮在温度高达 200 万 K 的日冕低层，既不坠落，也不瓦解，就像炉火熊熊的炼钢炉内居然有一块不化的冰一样奇怪，而且，日珥物质的密度比日冕高出 1000～10 000 倍！两者居然能共存几个月，实在令人费解。

由于地球大气中的水分子和尘埃粒子将强烈的太阳辐射散射成"蓝天"，色球完全淹没在蓝天之中。若不使用特殊仪器，色球是很难观察到的，直到 20 世纪，天文学家才清楚，这一区域只有在日全食时才能看到。我们知道，日全食是日食的一种，当月亮遮掩了光球明亮的一瞬间，在太阳边缘处有一钩细如娥眉的明亮红光，仅持续几秒钟，这就是色球。色球层厚约 8000 千米。日常生活中，离热源越远的地方，温度就越低，然而太

阳大气的情况却截然相反，光球顶部的温度差不多是4300℃，到了色球顶部温度竟高达几万度，再往上，到了低日冕区温度陡升到百万度。太阳物理学家对这种反常增温现象一直不能理解，到现在也没有找出确切的原因。

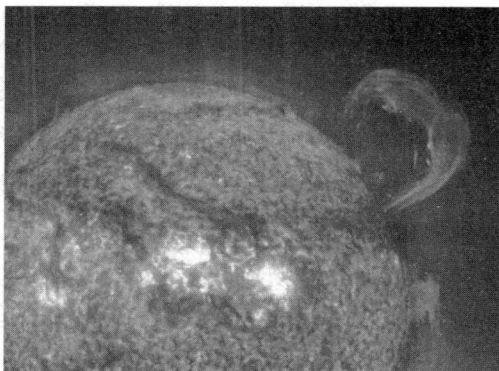

色球的突出特征是针状物，它们出现在日轮的边缘，

日　珥

像一根根细小的火舌，有时还腾起一束束细高而亮的火柱。19世纪的一位天文学家形象地把色球表面比喻为"燃烧的草原"。针状物不断产生又不断消失，寿命一般只有10分钟。

知识点

日　食

当月球运动到地球和太阳中间时，太阳光被月球挡住，不能射到地球上来，这种现象就叫"日食"。太阳全部被月球挡住时叫"日全食"，部分被挡住叫"日偏食"，中间部分被挡住叫"日环食"。当日轮的西边缘与月球的东边缘相切时，日食刚开始叫"初亏"；月球的东圆面与日轮的东边缘相内切时叫"日既"；日月两圆面中心最接近时叫"食甚"，是日食的最高峰；两圆再次内切是"生光"；最后两圆再外切就复原了。

发生日食时，在月球即将把日轮全部掩住，或是月球即将离开日轮的瞬间，月球的边缘就会有一个或几个山谷和凹地成为月轮的缺口，太阳光穿过缺口射向地球，会形成一个或一串发光的亮点。因为这种

现象是由英国天文学家贝利解释的，所以被后人称为"贝利珠"。

日食是可以用肉眼进行观测的，当然，在太阳只有部分亏缺时，阳光依然会很刺眼。观测时必须考虑有效的减光对策，千万不要直接用肉眼去看太阳。可以采用以下几种办法进行观测。

第一种办法：找一个盆，里面盛满水，再放些墨汁，发生日食的时候从盆里看太阳的倒影。这是一种最简单易行的方法。第二种办法：找块玻璃板，用点燃的蜡烛把它熏黑，日食的时候隔着这块熏黑了的玻璃板看太阳。第三种办法：找几张废旧的照相底片，把它们重叠起来，日食的时候隔着这些底片看太阳。这种方法可以根据太阳光的强弱随时增减底片张数，还可以装在自己制作的眼镜框上，使用起来很方便。第四种方法：用望远镜进行观测，但不要直接通过望远镜看太阳，否则会灼伤眼睛。用望远镜观测日食，要事先找几张照相底片，剪成合适的形状装在物镜的前面，要注意装牢，防止移动望远镜的时候底片滑掉。

延伸阅读

柯伊伯带

在我们太阳系的边缘，有一个以太阳为中心，由数以亿计的冰冷天体组成的环状带，它就是柯伊伯带。柯伊伯带的名称源于荷兰裔美籍天文学家柯伊伯。早在 20 世纪 50 年代，柯伊伯就预言，在海王星轨道以外的太阳系边缘地带，充满了冰封的物体，它们是原始太阳星云的残留物，也是短周期彗星的发源地。

1992 年，科学家发现了第一个柯伊伯带天体，此后，陆续不断有新的发现。这些天体的大小差别很大，直径从数千米到上千千米不等。之前被誉为大行星的冥王星也位于柯伊伯带中。虽然，科学家对柯伊伯带已有所了解，但仍存在种种疑问。2006 年，美国发射的"新地平线号"

探测器将在 2015 年造访冥王星，并将进一步探访柯伊伯带，届时人们会对柯伊伯带有更深的认识。

太阳耀斑的爆发

我们知道，太阳表面分为 3 个层次：光球、色球和日冕。平常我们用肉眼所看到的，其实是太阳的光球，光球上部为色球层。用单色光观测色球层，有时会看到局部区域里不时出现亮度突增的现象，称为耀斑，又叫太阳色球爆发。它持续时间从几分钟（小耀斑）到几小时（大耀斑）。耀斑爆发时会释放出巨大的能量。一个大耀斑，在短短一二十分钟内可以倾泻出 1022 ~ 1033 尔格的巨额能量，这相当于地球上 10 万乃至 100 万次强火山爆发所释放出的能量的总和，就像 100 亿颗百万吨级的氢弹同时爆炸。

耀斑是太阳上最强烈的活动现象，对地球的影响最大。耀斑能量大多是紫外线辐射，也发出强 X 射线，还有宇宙线和非高能粒子。太阳爆发所产生的高能粒子，一边发出强大的无线电波，一边飞离太阳，以每秒 1000 千米的速度扩散到太阳周围的星际空间。当它们到达地球后，就会引起磁暴，破坏地球大气的电离层，使短波无线电通讯受阻，甚至短时间中断，但对于这种破坏者，我们地球人是无能为力的。

那么，称为太阳上"惊天动地的爆炸"的耀斑，毫无疑问地会对地球造成强烈的影响。耀斑发射出强烈的短波辐射，严重地干扰了地球低电离层，使短波无线电波在穿过它时遭到强烈吸收，致使短波通讯中断。耀斑发射的带电粒子流与地球高层大气作用，产生极光，并引起磁爆。耀斑的高能粒子会对在太空遨游的宇航员构成致命的威胁。

近些年来，科学家还把地球演变、地震、火山爆发、气候变化，甚至心脏病的发生率、交通事故的出现率与耀斑爆发联系起来。为了避免和减轻耀斑造成的危害，许多科学工作者正孜孜不倦地从事耀斑预报的研究。但像地震预报一样，这是一个十分艰深的课题，由于我们对耀斑产生的规律和机制知之不多，充其量只能预测在日面哪些区域可能出现耀斑，至于什么时候出现就很难预料了。最近，北京天文台的艾国样等一些天文学家

85

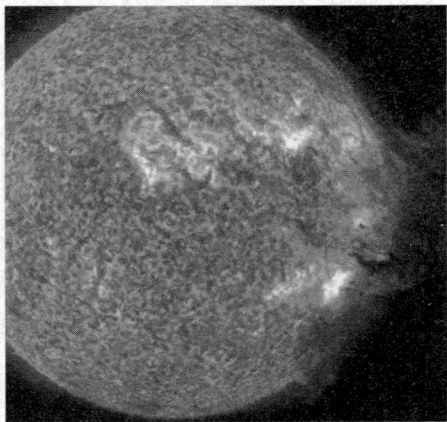

太阳耀斑

在观测中发现，在耀斑爆发出现前数小时，日面磁场图上呈现红移现象，这种耀斑前兆红移现象，反映出物质向下沉降的倾向。学者们认为，对这种现象的深入研究及获得更多的观测结果，有可能为太阳耀斑预报提供一种新的有力手段。

太阳耀斑的研究具有重大的意义，其重要性不但在于日地关系的认识方面，也因为它的研究同天体物理学中其他领域的研究有着密切的关系。太阳耀斑现象只是自然界中所广泛发生的耀斑现象中的一个特殊情形。通过对太阳耀斑的研究，可以了解许多其他有关的恒星和星系。同太阳耀斑有关的物理机理也可能用来解释其他天体物理现象，如耀星、射电星系、类星射电源、X 射线星和 γ 射线爆发等。这些都增加了太阳耀斑问题的重要性和天文学家对其研究的兴趣。

知识点

单色光

单色光，即单一频率（或波长）的光。不能产生色散。由红到紫的七色光中的每种色光并非真正意义上的单色光，它们都有相当宽的频率（或波长）范围，如波长为 0.77 ~ 0.622 微米范围内的光都称红光。

光是一种电磁波，因为光具有反射、干涉、偏振等波的特性，光的物理特是波长决定光的颜色；光的能量决定光的强度。由于电磁波的范围相当大，其包含宇宙射线、紫外线、可见光、红外线、微波等，

但是真正能够在人眼的视觉系统上产生色彩感觉的电磁波是可见光波，其波长范围大约在380nm到780nm，在这段可见光谱中，不同波长的电磁波则产生不同的色彩感觉。

一般的光源是由不同波长的单色光所混合而成的复色光，所谓的"单色光"是指白光或太阳光经三菱镜折射所分离出光谱色光——红、橙、黄、绿、蓝、靛、紫等七个颜色，因为这种被分解的色光，即使再一次通过三菱镜也不会再分解为其他的色光，所以将这种不能再分解的色光叫做单色光；而由"单色光"所混合的光称为"复色光"。

自然界中的太阳光及人工制造的日光灯等所发出的光都复色光。

延伸阅读

太阳上发现的元素

1868年8月18日，印度发生了一次日全食。法国经度局研究员、米顿天体物理天文台台长詹森为了抓住这千载难逢的观测机会，特意带着他的考察队专程赶往印度观测，希望弄清日珥现象产生的原因。他在观测日全食时发现太阳的谱线中有一条黄线，并且是单线。而钠元素的谱线是双线，所以詹森肯定它不是早就发现的那种钠元素，第二天的观测也证实了这一点。

詹森把太阳中存在又一新元素的重大发现写信通知了巴黎科学院，1868年10月26日这一天，詹森收到了另一封内容相同的信，那是英国皇家科学院太阳物理天文台台长洛克耶寄来的。两个著名科学家不约而同地发现，使人们确认了这是一个新元素。这就是在地球上发现的第一个太阳元素——氦。后来，人们在地球上也发现了氦元素。

在1869年和1870年，科学家们又进行了两次日全食观测，人们又发现了一条绿色的谱线，天文学家们证实这也是一种新元素，并给它命名为"氪"，但这个元素后来没有被列入化学元素周期表。瑞士光谱学家艾德伦

经过 70 多年的研究，发现"氙"不过是一种残缺的铁原子——铁离子。它是失去 9 至 14 个电子的铁，是一种极其特殊的环境下的铁。

经过长期的观测，科学家们发现，太阳上元素最多的是氢和氦，比较多的元素有氧、碳、氮、氖、镁、镍、硫、硅、铁、钙等 10 种，还有 60 多种含量极其稀少的元素。到 20 世纪 80 年代，科学家们认定的太阳上有 73 种元素。此外还可能有从氢到氦 19 种元素存在，其中包括 9 种放射性元素。

太阳上到底有多少种元素，相信随着探测技术的进步，这个谜很快就能解开。

太阳有伴星吗

天文学家曾有过太阳具有伴星的想法，当人们发现天王星和海王星的运行轨道与理论计算值不符合时，曾设想在外层空间可能另有一个天体的引力在干扰天王星和海王星的运动。这个天体可能是一颗未知的大行星，也可能是太阳系的另一颗恒星——太阳伴星。

为了解释美国那两位古生物学家的发现，1984 年，美国物理学家穆勒在和他的同事，共同提出了太阳存在着一颗伴星的假说。与此同时，另外的两位天体物理学者维特密利和杰克逊，也独立地提出了几乎完全相同的假说。

穆勒在和他的同事们讨论生物周期性绝灭的问题时说："银河系中一半以上的恒星都属于双星系统。如果太阳也属于双星，那么我们就可以很容易解决这个问题了。我们可以说，由于太阳伴星的轨道周期性地和小行星带相交，引起流星雨袭击地球。"他的同事哈特灵机一动，说："为什么太阳不能是双星呢？同时，假设太阳的伴星轨道与彗星云相交岂不是更合理一些？"于是，他们在当天就写出了论文的草稿。他们用希腊神话中"复仇女神"的名字，把这颗推想出来的太阳伴星称为"复仇星"。

彗星云一般称为"奥尔特云"，它是以荷兰天文学家奥尔特的名字命

名的绕日运行的一团太阳系碎片，奥尔特曾认为它距离太阳15万天文单位，可能是一个"彗星储库"，其中至少有1000亿颗彗星。由于太阳伴星在彗星云附近经过，使彗星运动轨道发生变化，因此引起彗星撞向地球，结果引起了生存条件的变化。穆勒说，这种彗星雨可能持续100万年。这一观点与某些古生物学家设想物种绝灭并不是那么突如其来的意见是一致的。

人们考虑到，如果太阳有伴星的话，在几千年中似乎没有人发现过，想必它是既遥远又暗淡的天体，而且体积不大。这是很有可能的情况，因为在1982～1983年，天文学家利用红外干涉测量法，测知离太阳最近的几颗恒星都有小伴星，这种小伴星的质量仅相当于太阳质量的1/15～1/10。此外，在某些双星中，确实还有比这更小的伴星存在着。

科学家通过空间探测器对海王星及其卫星进行考察后，确认海王星至少有13颗卫星。这些表面布满环形山和坑洼的卫星，日夜不停地绕着海王星运转。

在海王星的卫星当中，海卫一是最大的，它的直径大约为1353千米。在太阳系已发现的所有的行星和卫星当中，海卫一是最冰冷的一员，表面覆盖着厚厚的冰层，平均温度在－240℃以下。

知识点

生物周期性

生物某些生命活动随环境周期性交替的现象，又称生物节律性。因生物是在具有各种周期性的地球上进化发展的，因而在生命活动中形成各种与之相应的节律。主要包括昼夜节律、潮汐节律等。昼夜节律根据动物在一天内的活动方式不同，可分为昼行性、夜行性、晨昏性和全昼夜活动4种类型。

延伸阅读

从"地心说"到"日心说"

人类对宇宙的认识经过了一个漫长的过程。地心说是长期盛行于古代欧洲的宇宙学说。它最初由古希腊学者欧多克斯提出，后经亚里多德、托勒密进一步发展而逐渐建立和完善起来。

公元前4世纪，古希腊哲学家亚里士多德就已提出了"地心说"。公元140年，古希腊天文学家托勒密发表了他的巨著《天文学大成》，在总结前人工作的基础上系统地确立了地心说。地心说是世界上第一个行星体系模型。尽管它把地球当作宇宙中心是错误的，然而它的历史功绩不应抹杀。地心说承认地球是"球形"的，并把行星从恒星中区别出来，着眼于探索和揭示行星的运动规律，这标志着人类对宇宙认识的一大进步。地心说最重要的成就是运用数学计算行星的运行，托勒密还第一次提出"运行轨道"的概念，设计出了一个模型。按照这个模型，人们能够对行星的运动进行定量计算，推测行星所在的位置，这是一个了不起的创造。在一定时期里，依据这个模型可以在一定程度上正确地预测天象，根据这一学说，球形居于宇宙中心，静止不动，其他天体都绕着地球转。这一学说从表面上解释了日月星辰每天东升西落、周而复始的现象。

日心说把宇宙的中心从地球挪向太阳，这看上去似乎很简单，实际上也是一项非凡的创举。1543年，波兰天文学家哥白尼在临终时发表了一部具有历史意义的著作——《天体运行论》，完整地提出了"日心说"理论。这个理论体系认为，太阳是行星系统的中心，一切行星都绕太阳旋转。地球也是一颗行星，它一面在自转，一面又和其他行星一样围绕太阳转动。哥白尼依据大量精确的观测材料，运用当时正在发展中的三角学的成就，分析了行星、太阳、地球之间的关系，计算了行星轨道的相对大小和倾角等，提出一个比较和谐而有秩序的太阳系。由于哥白尼的计算与实际观测资料能更好地吻合。因此，日心说最终代替了地心说。

遨游太阳系的八大行星

目前，已知太阳系有八颗大行星。按照它们与太阳的距离，由近及远，依次为水星、金星、地球、火星、木星、土星、天王星、海王星。本章我们来遨游这八大行星。

水　星

水星是太阳系八大行星中最靠近太阳的行星。距离太阳平均 5800 万千米，水星直径为 4868 千米，只比月球略大一点。水星上的太阳看上去要比在地球上大二倍半，水星朝向太阳的一面，温度非常高，可达到 400℃以上。这样热的地方，就连锡和铅都会熔化，何况水呢。但背向太阳的一面，长期不见阳光，温度非常低，达到 –173℃，在这里也不可能有液态的水。1974 年 3 月、9 月和 1975 年 3 月，美国发射的"水手 10 号"探测了水星，向地面发回 5000 多张照片。水星地貌酷似月球，大小不一的环形山，还有辐射纹、平原、裂谷、盆地等地形，表面有许多陨石坑而且十分古老，它也没有板块运动。水星是太阳系中仅次于地球，密度第二大的天体。水星没有卫星。水星只有在白天和黎明时才能在地球上观测得到。

水星的公转周期是 88 天。水星不能保有大气，只有分子量大的气体，如二氧化碳或氩可能留在表面上，此外还发现有少数的氢。水星上的温度既取决于相角，也取决于黄经，而且昼夜温度差大，白天高达 634.5℃，夜间冷到 –86℃以下。水星的密度同地球相近，约为 543 克每立方厘米。

水星的表面和月球一样，凹凸起伏，环形山星罗棋布，还有山脉、悬崖、盆地以及平原，其中的卡路里盆地，是太阳系诸行星中，表面温度最高的地方。

根据水星的密度，科学家们估计水星内部必定存在一个超大的内核，其内核质量甚至可以占到其总质量的 2/3，而相比之下，地球的内核区质量只占地球总质量的 1/3。目前科学界的观点是认为在太阳系早期的狂暴撞击时代，水星曾遭遇严重撞击，导致其失去了密度较低的一部分外壳，因此留下了密度相对较大的部分。

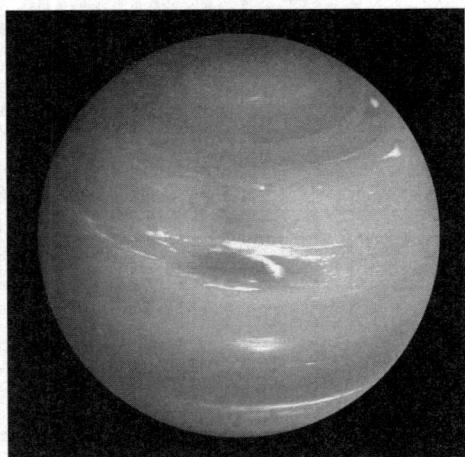

水　星

因水星太接近太阳，所以常常被猛烈的阳光淹没，它的轨道距太阳 4590 万 ~ 6970 万千米之间，水星是太阳系中运动最快的行星，绕太阳一周只需 88 天，自转一周需 58 天 15 小时 30 分钟，水星上的一天相当于地球上的 59 天。

在前 5 世纪，水星实际上被认为成二个不同的行星，这是因为它时常交替地出现在太阳的两侧。当它出现在傍晚时，它被叫做墨丘利；但是当它出现在早晨时，为了纪念太阳神阿波罗，它被称为阿波罗。后来才知道他们实际上是同一颗行星。

1889 年意大利天文学家夏帕里利经过多年观测认为水星自转时间和公转时间都是 88 天。直到 1965 年，美国天文学家才测量出了水星自转的精确周期 58.646 天。

在一些时候，在水星的表面上的一些地方，在同一个水星日里，在太阳升起时观测，可以看见太阳先上升，然后倒退最后落下，然后再一次的上升。这是因为大约四天的近日点周期，水星轨道速度完全等于它的自转速度，以致于太阳的视运动停止，在近日点时，水星的轨道速度超过自转速度；因此，太阳看起来会逆行性运动，在近日点后的 4 天，太阳恢复正

常的视运动。

　　直到 1965 年使用雷达观测后，观察数据否决了水星对太阳是潮汐固定的想法：自转使得所有时间里水星保持相同的一面对着太阳。最初天文学家认为它有被固定的潮汐是因为水星处于最好的观测位置，就如同它完全地被固定住一样。水星的自转比地球缓慢约 59 倍。一个自转的周期大约是58.7 个地球日，一个太阳日（太阳穿越两次子午线之间的时间）大约是176 个地球日。

▶▶ 知识点 ▶▶▶▶▶

陨石坑

　　陨石坑是行星、卫星、小行星或其它天体表面通过陨石撞击而形成的环形的凹坑。陨石坑的中心往往会有一座小山，在地球上陨石坑内常常会充水，形成撞击湖，湖心有一座小岛。

　　在具有风化过程的天体上或者具有地壳运动的天体上，陨石坑会逐渐被磨灭。比如在地球上通过风化、风吹来的尘沙的堆积、岩浆撞击坑会被掩盖或者磨灭。在其它天体上有可能有其它效应来磨灭陨石坑。比如木卫四的表面是冰，随着时间的流逝冰会慢慢流动，使得这颗卫星表面的陨石坑消失。

延伸阅读

太阳神阿波罗

　　许多行星的命名都来自罗马神话，阿波罗是古希腊神话中最著名的神，被视为司掌文艺之神，主管光明、青春、医药、畜牧、音乐等，是人类的

保护之神、光明之神、预言之神。在神话中流传着阿波罗与达芙妮的爱情故事。

有一次，阿波罗看到小爱神丘比特正拿着弓箭玩。他毫不客气地警告丘比特说："喂！弓箭是很危险的东西，小孩子不要随便拿来玩。"原来小爱神丘比特有两支十分特别的箭：凡是被他用那支黄金制成的利箭射到的人，心中会立刻燃起恋爱的热情；要是被另外一支铅做的钝箭射到的人，就会十分厌恶爱情。

丘比特被阿波罗这么一说，心里很不服气。他趁着阿波罗不注意的时候，"嗖"的一声把爱情之箭射向阿波罗，阿波罗心中立刻燃起了爱情的火焰。正巧这时，来了一名叫达芙妮的美丽少女。调皮的丘比特把那支铅制的钝箭射向达芙妮，被射中的达芙妮，立刻就变得十分厌恶爱情。

这时候被爱情之箭射中的阿波罗已经深深地爱上了达芙妮，于是他立刻对达芙妮表达自己的爱慕之情。可是达芙妮却很不高兴，马上像羚羊似的往山谷里飞奔而去。可是阿波罗对于追求达芙妮并不灰心，他拿着竖琴，弹奏出优美的曲子。不论谁听到阿波罗的琴声，都会情不自禁的走到他面前聆听他的演奏。躲在深山里的达芙妮也听到了这优美的琴声，也不知不觉地陶醉了。"哪儿来的这么动人的琴声？我要看看是谁在弹奏。"说着，达芙妮早已经被琴声迷住了，走向了阿波罗。躲在一块大石头后面弹着竖琴的阿波罗立刻跳了出来，走上前要拥抱达芙妮。达芙妮看到阿波罗，拔腿就跑。阿波罗在后面苦苦追赶。

尽管阿波罗在后面不停的对达芙妮呼喊，达芙妮仍然当作没听到，继续向前飞奔。不过达芙妮跑的再快，也跑不过阿波罗。跑了好一阵子，达芙妮已经跑的筋疲力尽，上气不接下气。最后，她倒在地上，眼看着阿波罗就要追上了，达夫妮急得大叫："救命啊！救命啊!"这时候，河神听见了达芙妮的求救声，立刻用神力把她变成了一颗月桂树。只见达芙妮的秀发变成了树叶，手腕变成了树枝，两条腿变成了树干，两只脚和脚趾变成了树根，深深地扎入了泥土中。阿波罗看到了懊悔万分，他很伤心的抱着月桂树哭泣。虽然达芙妮已经变成了月桂树，但是阿波罗依然爱着她。阿波罗凝视着月桂树，痴情的说："你虽然没能成为我的妻子，但是我会永远的爱着你。我要用你的枝叶做我的桂冠，用你的木材做我的竖琴，并用你

的花装饰我的弓。同时我要赐你永远的年轻，不会衰老。"变成月桂树的达芙妮听了，深受感动，连连点头，表示谢意。也许是受到了阿波罗的祝福，月桂树终年常绿，是一种深受人们喜爱的植物。

金 星

众所周知，有八个大行星围绕太阳转圈子，金星则是太阳系里最亮的一颗行星。金星是离地球最近的行星。中国古代称之为长庚、启明、太白或太白金星。公转周期是224.7 地球日。在天空中，金星的亮度是排在第三位的，仅次于太阳和月亮。金星要在日出稍前或者日落稍后才能达到亮度最大。我国民间称黎明时分的金星为启明星，傍晚时分的金星为长庚星。

有人称金星是地球的姊妹星，确实，从结构上看，金星和地球有不少相似之处。金星的半径约为6073千米，只比地球半径小300千米，体积是地球的0.88倍，质量为地球的4/5；平均密度略小于地球。虽说如此，但两者的环境却有天壤之别：金星的表面温度很高，不存在液态水，加上极高的大气压力和严重缺氧等残酷的自然条件，金星有极少的可能有生命的存在。由此看来，金星和地球只是一对"貌合神离"的姐妹。

金星自转方向跟天王星一样与其它行星相反，是自东向西。因此，在金星上看，太阳是西升东落。金星绕太阳公转的轨道是一个很接近正圆的椭圆形，偏差不超过1°，其公转速度约为每秒35千米，公转周期约为224.70天。但其自转周期却为243日，也就是说，金星的自转恒星日一天比一年还长。不过按照地球标准，以一次日出到下一次日出算一天的

金 星

话，则金星上的一年要远远小于243天。这是因为金星是逆向自转的缘故；在金星上看日出是在西方，日落在东方；一个日出到下一个日出的昼夜交替只是地球上的116.75天。在地球上看金星与太阳的最大视角不超过48°，因此金星不会整夜出现在夜空中。

金星逆向自转现象有可能是很久以前金星与其它小行星相撞而造成的，但是现在还无法证明。除了这种不寻常的逆行自转以外，金星还有一点不寻常。金星的自转周期和轨道是同步的，这么一来，当两颗行星距离最近时，金星总是以同一个面来面对地球。

知识点

自　转

自转是指物件自行旋转的运动，物件会沿着一条穿越身件本身的轴旋转，这条轴被称为"自转轴"。一般而言，自转轴都会穿越天体的质心。

恒星和行星都会自转，小天体亦大多会自转。作为天体的集合体，星系也会自转。如果行星自转轴在长期运动中渐渐偏离原有方向，即会产生岁差。

延伸阅读

金星的传说

金星在我国古代称为太白，早上出现在东方时又叫启明、晓星、明星，傍晚出现在西方时也叫长庚、黄昏星。由于它非常明亮，最能引起富于想象力的我国古人的幻想，因此我国有关它的传说也就特别多。

在我国道教中，太白金星是核心成员之一，论地位仅在三清（太上老君，元始天尊，通天教主）之下。最初道教的太白金星神是位穿着黄色裙子、戴着鸡冠，演奏琵琶的女神，明朝以后形象变化为一位童颜鹤发的老神仙，经常奉玉皇大帝之命监察人间善恶，被称为西方巡使。在我国古典小说中，多次出现太白金星的传奇故事，可见他的人气之旺。在脍炙人口的《西游记》中，太白金星就是个多次和孙悟空打交道的好老头。

在与金星相关的众多传说中，最具有传奇色彩的应该算是关于唐代大诗人李白的故事了。传说李白的出生不同寻常，乃是他的母亲梦见太白金星落入怀中而生，因此取名李白，字太白。长大后的李白也确有几分"仙气"，他漫游天下，学道学剑，好酒任侠，笑傲王侯。他的诗，想象力丰富"欲上青天揽明月"，气势如虹"黄河之水天上来"，无人能及。李白在当朝就享有"谪仙"的美名，后来更被人们尊为"诗中之仙"。

火 星

人们很容易就能把火星从满天繁星中辨认出来，这是因为它是太阳系里一颗引人注目的火红色行星，叫它火星，真是名符其实。由于火星表面的土壤中含有较多的铁氧化物，所以它发出的光颜色最红，远远看去明亮而呈桔红色。

火星是太阳系由内往外数的第四颗行星，属于类地行星，直径约为地球的一半，自转轴倾角、自转周期均与地球相近，公转一周约为地球公转时间的两倍。橘红色外表是因为地表的赤铁矿（氧化铁）。火星基本上是沙漠行星，地表沙丘、砾石遍布，没有稳定的液态水体。二氧化碳为主的大气既稀薄又寒冷，沙尘悬浮其中，每年常有尘暴发生。火星两极皆有水冰与干冰组成的极冠，会随着季节消长。

1964 年 11 月，美国发射了"水手"4 号，发现火星上有环形山；1971 年 11 月发射的"水手"9 号，发现了火山、峡谷和干河床；1979 年 7 月和 9 月发射的"海盗"1 号和 2 号，在火星上软着陆，发现上面没有生命存在。在 1997 年的 7 月 4 日，火星探路者号终于成功地登上火星。科学家探

测到火星上有一个独特的现象，即尘暴形成的尘埃云，这是由于低层大气中的风，卷着尘粒形成的。激烈的尘埃云可分布到整个火星，并持续达几个月之久，真是太可怕了。还有一个令人注目的地方就是，如果用望远镜观察火星，会看到它的两极地区的白色极冠，极冠中既有水冰，又有干冰，是水冰和干冰的混合物。如果这些水冰都融化了，均匀分布在整个火星表面会形成10米厚的水层。

火星在我国古称"荧惑星"，这是由于火星呈红色，荧光像火，在五行中象征着火，它的亮度常有变化；而且在天空中运动，有时从西向东，有时又从东向西，情况复杂，令人迷惑，所以我国古代叫它"荧惑"，有"荧荧火光，离离乱惑。"之意。

火星在史前时代就已经为人类所知。由于它被认为是太阳系中除地球外人类最好的住所，它受到科幻小说家们的喜爱，构画出诸多有关火星的科幻小说。

火星的轨道是椭圆形。因此，在接受太阳照射的地方，近日点和远日点之间的温差将近160摄氏度。这对火星的气候产生巨大的影响。尽管火星比地球小得多，但它的表面积却相当于地球表面的陆地面积。除地球，

火星表面

火星是具有最多各种有趣地形的固态表面行星。

　　火星的内部情况只是依靠它的表面情况资料和有关的大量数据来推断的。一般认为它的核心是半径为1700千米的高密度物质组成；外包一层熔岩，它比地球的地幔更稠些；最外层是一层薄薄的外壳。相对于其他固态行星而言，火星的密度较低，这表明，火星核中的铁可能含带较多的硫。

　　如同水星和月球，火星也缺乏活跃的板块运动；没有迹象表明火星发生过能造成像地球般如此多褶皱山系的地壳平移活动。由于没有横向的移动，在地壳下的巨热地带相对于地面处于静止状态。虽然，火星可能曾发生过很多火山运动，可它看来从未有过任何板块运动。

知识点

五 行

　　五行是中国古代的一种物质观。多用于哲学、中医学和占卜方面。五行指：金、木、水、火、土。认为大自然由五种要素所构成，随着这五个要素的盛衰，而使得大自然产生变化，不但影响到人的命运，同时也使宇宙万物循环不已。五行学说认为宇宙万物，都由木火土金水五种基本物质的运行（运动）和变化所构成，是由于中国古代人对世界认识不足造成的。它强调整体概念，描绘了事物的结构关系和运动形式。如果说阴阳是一种古代的对立统一学说，则五行可以说是一种原始的普通系统论。

　　"五行"一词，最早出现在《尚书》的《洪范》中，《洪范》中指出，五行一曰水，二曰火，三曰木，四曰金，五曰土。水曰润下，火曰炎上，木曰曲直，金曰从革，土爰稼穑。润下作咸，炎上作苦，曲直作酸，从革作辛，稼穑作甘。它提出了为人们所用的以水为首的五材排列次序，以及五材的性质和作用，但是它没有触及"五行"之间的内在联系。

火星探路者号的发射

火星探路者号是美国国家航空航天局的 1996 年火星探测计划。火星探路者是这一系列无人探测计划的一个组成部分。火星探路者于 1997 年 07 月 04 日在火星表面着陆。它携带的索杰纳号火星车，是人类送往火星的第一部火星车。

1997 年 7 月 4 日，携带火星探路者的飞船进入火星大气层，由降落伞带着以每小时 88.5 千米的速度飘向火星表面，并在着陆前数秒钟打开 9 个巨大的保护气囊。17 时 07 分火星探路者在火星降落，在密封气囊的保护下，经过一番弹跳翻滚之后，在火星表面停了下来。着陆成功后，飞船打开外侧的 3 个电池板，重 10 公斤的 6 轮"旅居者"号火星车缓缓驶离飞船，落到火星地表。其行进路线是预先确定好的，首先朝目标区西南部的一个长 100 千米、宽 19.3 千米椭圆形区域缓慢行进。

着陆成功后，飞船打开外侧的 3 个电池板，重 10 公斤的 6 轮"旅居者"号火星车缓缓驶离飞船，落到火星地表。其行进路线是预先确定好的，首先朝目标区西南部的一个长 100 千米、宽 19.3 千米椭圆形区域缓慢行进。在探测区，经对由古代洪水冲刷形成的一个 488 平方米的小岛作详尽观察，科学家发现火星山谷平原暴发过多次洪水，并有众多由水冲击而来的圆形岩石，其中许多岩石沿同方向排列，表明它们受到同样水流的冲击。科学家推测当时洪水有数百千米宽，水流量为 100 万立方米/秒。

木 星

木星早在史前时代，就已被人类所知晓。根据伽利略 1610 年 1 月 7 日夜对木星四颗卫星：木卫一，木卫二，木卫三和木卫四（现常被称作伽利

略卫星）的观察，它们是不以地球为中心运转的第一个发现，也是赞同哥白尼的日心说的有关行星运动的主要依据。许多年来人们一直认为木卫三是 1609 年由伽利略通过他自制的望远镜发现的，连同木卫一、木卫二、木卫四被称为伽利略卫星。其实木卫三是中国战国时代的天文学家甘德发现的，他著有《岁星经》和《天文星占》两书，可惜均已失传。唐朝天文学家瞿昙悉达编著的《开元占经》第二十三卷中有这样的记载"甘氏曰：单阏之岁，摄提格在卯，岁星在子，与须女、虚、危晨出夕入，其状甚大有光，若有小赤星附于其侧，是谓同盟"。也就是说，甘德早在公元前 346 年发现了木卫三，比伽利略早了将近 2000 年。

木星是太阳系中质量和体积最大的行星。它有 318 个地球加起来那么大的质量，是太阳系所有其他行星总质量的 25 倍；体积竟为地球的 1316 倍（地球的体积是 11 000 立方千米），想象一下，就能知道木星有多大了。而且，木星还是自转最快的行星，它的自转周期只有 9 小时 55 分 30 秒，自转的线速度竟达 126 千米/秒。地球上被称为"飞人"的百米运动员跟木星比可跑得太慢了，称它为"木星"可太名不副实了。其实，木星是一个液态的星球，没有固体的表面。在木星的大气层之下便是氢层。外层厚度在 25000 千米左右，由液态分子氢组成，内层厚度为 33000 千米。主要为液态金属氢，因此说，在木星的浓密的大气下面，是一个液态的氢构成的一望无垠的大海。木星受人注目的另一个原因是，它还是夜空中最亮的几颗星之一，它次于金星，排在太阳、月亮、

木 星

金星之后，居于第四位。另外，除地球外，在太阳系里第二个具有极光的行星就是木星了，木星的极光长达 3 万千米。

木星表面有一个大红斑，位于木星赤道南部，从东到西最长时有 48

000 千米，最小时也有 20 000 多千米，从北到南最长有 14 000 千米，最短时也有 11 000 千米，能容纳三个地球。对于它是什么目前仍有争论，很多人认为它是一个永不停息的旋风，这个大红斑是 1665 年由法国后裔的天文学家卡西尼发现，距今 300 多年了形状一直没有改变。木星有一个同土星一样的环，不过木星环较土星为暗。它们由许多粒状的岩石质材料组成。

近年来，对木星的考察表明：木星正在向其宇宙空间释放巨大能量。它所放出的能量是它所获得太阳能量的两倍，这说明木星释放能量的一半来自于它的内部热源。众所周知，太阳之所以不断放射出大量的光和热，是因为太阳内部时刻进行着核聚变反应，在核聚变过程中释放出大量的能量。木星是一个巨大的液态氢星球，本身已具备了无法比拟的天然核燃料，加之木星的中心温度很高，具备了进行热核反应所需的高温条件。

木星和太阳的成分十分相似，但是却没有像太阳那样燃烧起来，是因为它的质量太小。木星要成为像太阳那样的恒星，需要将质量增加到现在的 100 倍才行，根据天文学家的计算，只有质量大于太阳质量的 7%，才能进行聚变反应，发出光和热。

知识点

木星环

木星光环中的粒子由于大气层和磁场的作用，不是很稳定存在，所以观测起来不是很明亮。伽利略号飞行器对木星大气的探测发现在木星光环和最外层大气层之间另存在一个强辐射带，大致相当于电离层辐射带的十倍强。新发现的带中含有高能量的氦离子。

1994 年 7 月，苏梅克-利维 9 号彗星碰撞木星，天文爱好者用业余望远镜都能清楚地观察到表面的现象。碰撞残留的碎片在近一年后还可由哈勃望远镜观察到。

小行星的大小差别

小行星的大小相差极大，最小的大概只有鹅蛋大小。科学家们估计，宇宙中直径超过 1000 米的小行星至少有 50 万颗。不过，至今确认的小行星只有 3000 多颗，其中直径大于 100 千米的小行星有 200 颗左右。现在，小行星还在不断地发现之中。

大行星的形状都是椭圆球体，而小行星的形状可谓五花八门，它们大部分都是不规则的形状。比如第 1620 号小行星样子像一根香肠，是长条状。第 524 号小行星是哑铃状。还有的小行星像一条奇形怪状的鱼，也有的像块丑陋的大红薯，真是千姿百态。

土 星

土星是太阳系八大行星之一，带有美丽的光环，是天空中最美的天体之一。土星表面呈淡黄色，有若干小白斑点缀其中。表面温度约为 −140℃，比木星的表面温度低 60℃。大多数科学家认为土星由核、金属氢层和富氢大气层构成，是太阳系中唯一比水星还轻的行星。到目前为止，科学家确认土星有几十颗卫星。其中有几颗卫星很有特点。比如，1655 年，惠更斯发现的土卫六，大如水星，拥有以氮为主的大气，土卫六表面温度很低；土卫八以具有两颜色著称，它的一个半面比另一个半面亮 6 倍。

土星运动迟缓，人们便将它看做掌握时间和命运的象征。无论东方还是西方，都把土星与人类密切相关的农业联系在一起，在天文学中表示的符号，像是一把主宰着农业的大镰刀。在 1781 年发现天王星之前，人们曾认为土星是离太阳最远的行星。

土星在很多方面像木星，如它与木星同属于巨行星，它的体积是地球

的 745 倍，质量是地球的 95.18 倍。在太阳系八大行星中，土星的大小和质量仅次于木星，占第二位。它像木星一样被色彩斑斓的云带所缭绕，并被较多的卫星所拱卫。它由于快速自转而呈扁球形。赤道半径约为 60 330 千米。土星的平均密度只有 0.70 克/立方厘米，是八大行星中密度最小的。如果把它放在水中，它会浮在水面上。土星的大半径和低密度使其表面的重力加速度和地球表面相近。土星在冲日时的亮度可与天空中最亮的恒星相比。由于光环的平面与土星轨道面不重合，而且光环平面在绕日运动中方向保持不变，所以从地球上看，光环的视面积便不固定，从而使土星的视亮度也发生变化。当土星光环有最大视面积时，土星显得亮一些；当视线正好与光环平面重合时，光环便呈现为一条直线，土星就显得暗些。二者之间的亮度大约相差 3 倍。

　　土星离太阳的平均距离是 9545 个天文单位；公转周期是 2946 年；在赤道上自转周期是 10 小时 14 分；土星赤道直径是 120 000 千米；平均轨道速度 964 千米/秒。现在认为，土星没有固体外壳，其内部是直径为 20 000 千米的岩石核心，外面包围着 5000 千米厚的冰层，再外面是 8000 千米厚的金属氢层，最外面是大气。土星也有磁场和辐射带，磁场强度比地球磁场强千倍，而辐射带却不如地球。总之，在夜空中土星经常受到人们的关注。

土 星

　　土星的极光一般为椭圆形，周期性地照亮极地。人们认为这种极光与地球极光的形成很相似。2008 年 11 月，美、英等国科学家利用美国宇航局"卡西尼号"飞船上的红外设备，拍下了一种新型的土星极光。在 45 分钟的时间里，这种新的极光不断地变化，甚至会消失。科学家确认这种极光极为神秘，不同于以往在土星或太阳系其他行星上见到的极光，它最主要的特点是亮度很弱。

　　英国莱斯特大学的一位教授看到如此特别的极光，激动地说："我们从

未在别的地方观察到这样的极光。它并不仅仅是一个像我们在木星或地球上看到的极光环，它覆盖了土星极地一块巨大的区域，而根据当前对土星极光形成的观点，这一区域应该是空的。所以，在这里发现极光真是一个意想不到的惊喜。"

科学家们认为，弄清这种极光的起源，将有助于人类深入了解土星。

▶ 知识点 >>>>>

巨行星

巨行星是太阳系中四颗最大的行星，即木星、土星、天王星和海王星的统称。巨行星离太阳之类地行星远，体积和质量都很大，平均密度小，表面温度低。简单的说他们是气态行星，又叫气体行星。气体巨星可能没有固体的表面，而主要的成分是氢、氦，与类地行星有极大的不同。

气体巨星可以细分成不同的类型，"传统"的气体巨星是木星和土星，主要的成分是氢和氦。天王星和海王星因为主要的成分是水、氨、和甲烷，而氢和氦只是最外层区域的主要成分，所以有时会被细分为"冰巨星"。有鉴于此，我们的4颗气体巨星被举例作为材料科学的"物质相变梯度"的经典范例。它们有非常热的内部，天王星和海王星的温度范围可以高达7 000 K，木星可以超过20 000 K。如此高的温度意味着在他们的大气层之下的整个行星可能都是液体。

DAO QITA XINGQIU QU LUXING

延伸阅读

土星的卫星

随着科技的发展，人类探测宇宙的能力也越来越强了。目前，已经发现土星共有56颗卫星，卫星拥有数仅次于木星。或许，随着科学家们的探

索，这个数字还会发生变化。

土星的第六颗卫星——土卫六，又名"泰坦"，是土星卫星中最大的一颗，也是太阳系内第二大的卫星，比地球的卫星——月球还大。2008年，通过"卡西尼号"飞船的观测，已经确认土卫六的直径是地球的40%左右，达5150千米。观测数据还显示，土卫六的大气主要以氮气为主，氮的含量约占其大气总量的98%，甲烷仅占1%左右，另外还含有乙烷、乙烯、乙炔和氢。

科学家发现，可能是由于土卫六旋转加速的原因，它的表层由一个固定点向外发生波动。科学家们认为如此巨大的变动，如果卫星内部是固体核心，是不可能发生的，因此，土卫六表层下肯定有液态物质，很可能有水。由于它是太阳系唯一一颗拥有浓厚大气层的卫星，因此被视为一个时光机器，有助我们了解地球初期的情况，甚至能揭开地球生物诞生之谜。

土星第八颗卫星——土卫八，公转时间较长，绕土星一周需79.33个地球日。土卫八最大的特点是朝向其轨道前进方向的一面总是黑如沥青，而另一面则亮白如雪，中间没有灰色地带，因而被科学家戏称为"阴阳脸"。科学家认为，"阴阳脸"与土卫八表面的黑暗物质有关。关于这些未知黑暗物质的来源，目前有两种解释：

一种解释是"自生说"：当土卫八缓慢地绕土星公转时，前面半球表面产生一层薄的黑暗物质，增强冰层对阳光的吸收。另一种解释是"空降说"：德国自由大学的天文学家蒂尔曼·登克认为："来自其他卫星的粉状物质降落在土卫八正面，使得这一面与这颗卫星其他部分看起来截然不同。"

天王星

1781年3月13日，英国著名天文学家威廉·赫歇耳用自己做的望远镜观察到，双子座附近有一个暗绿色的光斑。后来，他经过多次观测发现，这颗星星不仅不像其他天体那样闪烁不定，而且还有位置上的变化，于是肯定那是太阳系中的天体。这颗新发现的天体就是天王星。

在发现天王星之前，人们只知道太阳系中有水星、金星、地球、火星、木星、土星六颗行星。这次的发现，使人们第一次突破了太阳系以土星为界的范围，开始重新认识太阳系，对行星的划分也有所改变。同时，天王星的发现也燃起了科学家探索新行星的欲望，在天文学上具有极其深远的意义。

天王星距太阳大约 19.2 天文单位，在八大行星中的位置排行第七，是我们能用肉眼看到的最暗的行星。人如果站在天王星上，根本看不到水星、金星、地球和火星。这是因为这四颗行星与天王星在同一平面上，而且它们都被太阳的光辉所掩盖住，因此无法看见。

天王星的体积是地球的 65 倍，仅次于木星和土星，是太阳系行星家族中的"老三"。天王星被一层厚厚的大气包裹着，这层大气的主要成分是氢、氦和甲烷。甲烷反射了阳光中的蓝光和绿光，因此我们看到的天王星呈现出美丽的蓝绿色。

天王星每 84 个地球年环绕太阳公转一周，与太阳的平均距离大约 30 亿公里，阳光的强度只有地球的 1/400。天王星内部的自转周期是 17 小时，但是，和所有巨大的行星一样，他上部的大气层朝自转的方向可以体验到非常强的风。

1986 年 1 月，旅行家 2 号宇宙飞船飞越过天王星，在稍后研究照片时，发现了围绕它

天王星

的许多小卫星。后来使用地面的望远镜也证实了这些卫星的存在。不同于其它行星的卫星，所有天王星的卫星都取名自英国诗人莎士比亚和蒲伯的剧作中。

科学家发现，天王星也拥有像土星那样的光环。这些光环拥有缤纷的颜色，使遥远的天王星看起来更加神秘莫测。截止到 2005 年 12 月 23 日，科学家发现的天王星的光环数已经达到 13 个，由于最后发现的两个光环远

离天王星本体，科学家将其称为"第二层光环系统"。

小行星

小行星是太阳系内类似行星环绕太阳运动，但体积和质量比行星小得多的天体。太阳系中大部分小行星的运行轨道在火星和木星之间，称为小行星带。另外在海王星以外也分布有小行星，这片地带称为柯伊伯带。

至今为止在太阳系内一共已经发现了约70万颗小行星，但这可能仅是所有小行星中的一小部分，只有少数这些小行星的直径大于100千米。

延伸阅读

恒星的自行

恒星之所以得其名，是因为它们看起来恒定不动。其实，恒星的位置并不是永远不变的，它们也在移动，我们称这种移动为"恒星的自行"。恒星距离我们很远，自行的速度很缓慢，因此确认恒星的自行，需要很长时间。

拿太阳来说，它对于附近的恒星，正以19.7千米/秒的速度朝武仙座方向运动。

恒星除了具有自行运动外，它本身还在不停地自转。

太阳自转的速度一直在不断地变化，但平均看，它自转一周需要27天左右。天鹰座的第一亮星——天鹰A星（中国称牛郎星），自转的速度比太阳快很多，自转一周只需要7个小时左右。太阳自转1圈，天鹰A星已

经自转 93 圈了。

现代天体演化理论认为，恒星起源于气体和尘埃组成的星云。在引力的作用下，弥漫的星云会收缩，中心密度增大，温度升高，形成原恒星。原恒星再收缩，温度进一步升高，密度不断增大，开始发生热核反应，成为主序星。正常恒星在主序星阶段度过整个生命史的绝大部分时间，目前的太阳就是一颗主序星。

随着内核的氢燃料枯竭，恒星外壳膨胀，光度增大，颜色变红而成为红巨星。此后的变化主要依照恒星的质量而定。

当红巨星的外壳消散，残存的质量和太阳差不多时，它将变成高密度的白矮星。若剩余质量比较大，则会进一步坍缩为致密的中子星。若残存质量特别大，则会形成一个黑洞。

海王星

海王星是太阳系里人们计算出来的行星。天王星发现后，人们发现它预报的位置和实际观测到的位置总是不符。1845 年，就有人预言天王星外面还有一颗行星。1846 年 9 月 23 日柏林天文台台长加勒，用天文望远镜在预报位置的附近找到了这颗行星。于是星表上就多了一个成员——海王星。

海王星外观为蓝色，原因是其大气层中的甲烷。海王星大气层 85% 是氢气，13% 是氦气，2% 是甲烷，除此之外还有少量氨气。海王星大气的主要成分是氢和着较小比例的氦，此外还含有痕量的甲烷。甲烷分子光谱的主吸收带位于可见光谱红色端的 600 纳米波长，大气中甲烷对红色端光的吸收使得海王星呈现蓝色色调。

海王星的赤道半径为 24 750 千米，是地球赤道半径的 3.88 倍，海王星呈扁球形，它的体积是地球体积的 57 倍，质量是地球质量的 17.22 倍，平均密度为每立方厘米 1.66 克。海王星在太阳系中，仅比木星和土星小，是太阳系的第三大行星。

因为它的质量较典型类木行星小，而且密度、组成成份、内部结构也与类木行星有显著差别，海王星和天王星一起常常被归为类木行星的

一个子类：远日行星。在寻找太阳系外行星领域，海王星被用作一个通用代号，指所发现的有着类似海王星质量的系外行星，就如同天文学家们常常说的那些系外"木星"。

海王星离太阳太远了。它每单位面积上接收到的太阳光，只有地球上的1/900，所以海王星的表面非常寒冷，温度达到 – 230℃。海王星不但外表冰冷，它的内部也是坚硬冷酷的。它的最内部为岩石构成的核心，中间是质量较大的冰包层，最外面为大气层。因为它已冰冷透心了，当然没有生命存在了。但是，人类还是派"代表"去访问了这颗又寒冷又黑暗的行星。那就是，1989年7月发射的"旅行者"2号飞船。在地球上，只有借助望远镜，才能看到它，因为它一点也不明亮。

在海王星和天王星之间的一个区别是典型气象活动的水平。1986年当旅行者2号航天器飞经天王星时，该行星视觉上相当平淡，而在1989年旅行者2号飞越期间，海王星展现了著名的天气现象。海王星的大气有太阳系中的最高风速，据推测源于其内部热流的推动，它的天气特征是极为剧烈的风暴系统，其风速达到超音速速度。

知识点

远日行星

远日行星包括天王星和海王星，较木星和土星离太阳更远，其体积适中，它们都是在望远镜发明以后才被发现的。它们主要由分子氢组成的大气，通常有一层非常厚的甲烷冰、氨冰之类的冰物质覆盖在其表面上，再以下就是坚硬的岩核。

远日行星运动得都比较慢，速度较小，周期较大，向心加速度也较小。远日行星因为离太阳较远，吸收到的能量较少，所以表面的温度都较低。

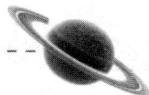

延伸阅读

海王星的光环正在消散

科学家们发现天王星后，发觉似乎有一种力量在影响它，使它的运行轨道有很大的偏离。法国天文学家勒威耶预计在天王星外侧还有一颗行星存在，他通过计算，推算出那颗的行星具体位置。紧接着，德国天文学家伽勒通过望远镜观察，很快在理论位置上找到了一颗未知行星。在大型的天文望远镜里，这颗新发现的行星呈现出美丽的蔚蓝色，使人联想到了大海。于是，西方人称它为"涅普顿"，意思是"大海之神"，我们译过来就是"海王星"。

海王星与太阳的平均距离为 30.06 天文单位，是太阳系的第八颗行星。它的直径为 4.94 万千米，约是地球的 3.9 倍，质量为地球的 17.2 倍，密度约为水的 1.6 倍。海王星的公转周期为 165 年，自转周期约为 22 小时。在八大行星中，海王星距离太阳最远，因此它单位面积所接收到的阳光只有地球上的 1/900，表面温度在 −200℃ 以下。那儿的冰层厚达 8000 米，在冰层下面是由岩石构成的核心，核心质量和地球差不多。海王星的大气活动十分剧烈，强劲的风暴时速最高可达 2000 千米左右。

海王星也有光环，但在地球上观察到的光环并不完整，只是一些暗淡模糊的圆弧。1989 年，"旅行者 2 号"探测器首次飞经海王星，对其进行了详细的科学考察。

经研究，天文学家确认海王星有 5 条光环：里面的 3 条比较模糊，外面两条比较明亮。

天文学家将最外侧的一条光环命名为"亚当斯环"，并将此环中几段明亮的弧依次命名为"自由"、"平等"和"互助"。

2003 年，美国加利福尼亚大学研究人员经过观测、研究后公布：亚当斯环中的三段弧似乎都在消散，其中自由弧消散得最为明显。

如果这种趋势继续，自由弧将在 100 年内彻底消失。

太阳系的矮行星

矮行星，是 2006 年 8 月国际天文联合会重新对太阳系内天体分类后新增加的一组独立天体。简单来说矮行星介乎于行星与太阳系小天体这两类之间。

1. 卡戎。于 1978 年 7 月被美国研究人员发现的"卡戎"，在冥王星赤道上空约 1.9 万公里的圆形轨道上运转，其运行周期与冥王星自转周期相等。近年来的观测表明，"卡戎"其实与冥王星构成了双行星系统，同步围绕太阳旋转。另外，"卡戎"的直径超过 1000 千米，质量约为 190 亿亿吨，大约是冥王星的一半，其密度与冥王星相似。有专家推测，远古时冥王星与一颗庞大天体发生了碰撞，导致一大块碎片从中分离出来，最后形成了"卡戎"。

2. 冥王星。也被称为 134340 号小行星，于 1930 年 1 月由克莱德·汤博根据美国天文学家洛韦尔的计算发现，并以罗马神话中的冥王普路托命名。它曾经是太阳系九大行星之一，但后来被降格为矮行星。与太阳平均距离 59 亿千米。直径 2300 千米，平均密度 0.8 克/立方厘米，质量 1.290 × 10^{22} 千克。公转周期约 248 年，自转周期 6387 天。表面温度在 −220℃ 以下，表面可能有一层固态甲烷冰。暂时发现有三颗卫星。冥王星起初被认为是太阳系中的一颗大行星，但是在 2006 年 8 月于布拉格举行的第 26 届国际天文联会中通过第五号决议，将冥王星划为矮行星。

3. 谷神星。谷神星，是唯一一颗位于小行星带的矮行星。谷神星的直径约 950 千米，是小行星带之中已知最大最重的天体，约占小行星带总质量的 1/3。谷神星是火星与木星之间的小行星带中，人们最早发现的第一颗小行星，由意大利人皮亚齐于 1801 年 1 月 1 日发现。其平均直径等于月球直径的 1/4，质量约为月球的 1/50，横切面的面积和青海省相当，又被称为 1 号小行星。谷神星是太阳系中已知体积最大的小行星，现在它又是太阳系中最小的、也是唯一的一颗位于小行星带的矮行星。

4. 阋神星。阋神星音译厄里斯，代号 136199，而之前的代号是

2003UB313，并曾被传为第十大行星"齐娜"。它比冥王星稍大，但是轨道是冥王星到太阳距离的两倍。跟冥王星一样，阅神星也有一颗卫星，在国际天文联合会议上该卫星被正式命名为戴丝诺米娅。矮行星冥王星和阅神星都是外海王星天体，其轨道为于海王星外的柯伊伯带。阅神星是在2003年发现的，其主要成分由冰和甲烷组成的。发现之初，中文的名称颇为纷乱，有采用音译的"厄里斯"，也有意译的

谷神星

"闹神星"、"乱神星"等。2007年6月，在扬州召开的天文学名词审定委员会工作会议上，以投票表决的形式敲定了中文译名为"阅神星"。同时将其卫星定名为"阅卫一"。

5. 鸟神星。鸟神星正式的名称是136472号小行星，是太阳系内已知的矮行星中第三大的，也是传统的柯伊伯带天体族群中最大的两颗之一。它的直径大约是冥王星的3/4。鸟神星没有卫星，因此它是一颗孤独的大海王星外天体。它极端低的平均温度（大约30 K）意味着它的表面覆盖着甲烷并且可能有乙烷冰。他起初被称为2005 FY9（稍后获得的小行星序号是136472），是在2005年3月31日被米高布朗所领导的小组发现，但在2005年7月29日才公布发现。2008年6月11日，国际天文联合会将鸟神星列入类冥矮行星的候选者名单内。这是在海王星之外的矮行星所属于的分类，当时只有冥王星和阅神星属于这个分类。鸟神星在2008年7月11日成为类冥矮行星。

6. 妊神星。妊神星是一颗新近发现的大型柯伊伯带天体，西班牙塞拉内华达天文台天文学家胡斯·路易斯·奥蒂斯的同事在重新分析2003年的数据时始发现该天体，同时也于1955年的影像中找到，2005年7月宣布其发现。另一方面，在加州理工学院，一个由米高·布朗领导的小组对该天体观测已近一年，但并没有对外公布。布朗也对奥蒂斯等人的发现加以表

扬，并把天体称为"圣诞老人"，意即他们曾于圣诞节期间观测到的天体。2005 年 7 月，布朗等人宣布发现另一柯伊伯带天体 2003UB313，比冥王星更远，且体积可能比冥王星更大，就是现在的阋神星。

知识点

矮行星

在 2006 年 8 月 24 日在捷克首都布拉格举行的第 26 届国际天文学大会中确认了矮行星的称谓与定义，决议对矮行星的描述是：一是以轨道绕着太阳的天体；二是有足够的质量以自身的重力克服固体引力，使其达到流体静力学平衡的形状（几乎是球形的）；三是未能清除在近似轨道上的其它小天体；四不是行星的卫星，或是其它非恒星的天体。

矮行星是太阳系外围较小的天体，或称为小行星。在行星的基本定义上，科学家们大致上认同这样的说法：直接围绕恒星运行的天体，由于自身重力作用具有球状外形，但是也不能大到能清除在近似轨道上的其它小天体。

随着观测的不断进步，相信矮行星的数目会越来越多。

延伸阅读

恒星天文学

恒星天文学作为一门学科是由赫歇耳通过对恒星的大量观测和研究开始的。1783 年他首次通过分析恒星的自行发现了太阳（在空间的）运动，并定出了运动的速度和向点。赫歇耳继承和发展了其父开创的事业，在恒

星计数、双星观测和编制星团和星云表方面进行了大量的工作。

1837 年斯特鲁维等测定了恒星的三角视差，从此便开始了测定恒星距离的工作。1887 年斯特鲁维从对恒星自行的分析中估计了银河系自转的角速度。十九世纪中叶天体物理学开始建立后，恒星光谱分析为恒星天文学提供了重要资料。1907 年史瓦西提出恒星本动速度椭球分布理论，开创了星系动力学。1912 年，勒维特发现造父变星的周光关系，成为测定遥远星团的距离的有力武器。由此，人们才对银河系的整体图像，以及太阳在银河系中的地位，有了比较正确的认识。

1905—1913 年，赫茨普龙和罗素创制了赫罗图，对了解恒星的演化和推求其距离提供了有力的手段。1918 年，沙普利分析了当时已知的 100 个球状星团的视分布，并用周光关系估算出它们的距离，得出了银河系是一个庞大的透镜形天体系统和太阳不居于中心的正确结论。1927 年，荷兰的奥尔特根据观测到的运动数据证实了银河系自转。此外，银河系次系、星族、星协概念的建立和证实，对变星和星团、星云的研究和探讨恒星系统的结构作出了重要的贡献。

探望银河系的知名星座

太阳系在旋转，银河系在运动，茫茫宇宙无穷无尽。人类所在的银河系只不过是宇宙中的一员。在它的四面八方不知多远的太空中还有着无数别的星系。在现今用望远镜可能达到的范围内，就有几十亿个像银河系这样的星系。本章我们介绍银河系中的知名星座。

银河系概述

银河系由恒星和星系物质组成的巨大的、盘状系统，太阳是该系统中的一员。银河系中的众多繁星的光形成了银河，成为环绕夜空的外形不规则的发光带。这条星光带大体上位于银盘平面上。

银河系是构成宇宙的亿万个星系中的一个。它拥有几百亿颗恒星和相当大量的星际气体和尘埃。银河系是星系类型中的旋涡星系一类的典型。它的核心周围是一个巨大的中央核球，并有缠绕着它的旋臂。这些弯曲的旋臂使银河系的外形看上去像是一个庞大的车轮。旋臂均匀沉陷在银盘中。银盘是银河系的主要组成部分，直径约 70 000 光年。银核为星际尘埃粒子屏蔽，它们吸收银核辐射中的可见光和紫外光。但科学家可以在射电、红外、X 射线和 γ 射线的波段，记录并研究银核区发出的辐射。特别是红外辐射和 X 射线中的强发射，表明存在着高速运动的电离气体云。现在多认为，这种气体云在环绕一个大质量天体运转，很可能是一个质量约为 400 万个太阳质量的黑洞。科学家已确认，中央核球的主要成分是一些老年恒

星和老年星团。旋臂的成分则是完全不同的另一类天体。旋臂中的天体属于十分年轻的亮星和疏散星团。此外，在旋臂区域内是星际气体和尘埃粒子的最高度集聚区，所以那里也是新的恒星形成的最适合的所在。

太阳位于这些旋臂中的一条，即猎户臂的内侧边缘附近，距银河系中心约为银河系半径的 2/3 距离处。银核位于人马座天区方向，和太阳的距离约为 23 000 光年。银盘的上和下为一球形区域（称为球状成分），其中充斥着球状星团和其他年龄很大的天体。银河系的外围一直到可见的边缘，为一个巨大的大质量银晕。它的成分、形状和延伸大小尚不十分清楚。整体银河系绕银心自转，但不同组成部分的天体并不以相同的速度公转。距银心远的天体比距银心近的天体速度慢。距银心相当远的太阳以一个近似圆形公转轨道绕银心的运动，速度估计为 225 千米/秒。由于太阳的公转速度较慢，它绕银心公转一周约须 2 亿年。

地球所在的太阳系处于银河系中，在地球上看银河会发现横跨星空的一条乳白色亮带，称银河带，这就是银河系主体在天球上的投影。中国古代又称为银汉。在北半球，银河从天鹰座先向西北，经过天箭座、狐狸座、天鹅座、仙王座、仙后座，再折向东南，穿过英仙座、御夫座、金牛座、双子座、猎户座、纵贯天球赤道上的麒麟座，进入南半天的大犬座、船尾座、船帆座，又折向西北，横过船底座、南十字座、半人马座、圆规座、矩尺座、天蝎座、人马座和盾牌座。银河经过 23 个星座，周天一圈后又回到天鹰座。用望远镜观察，可以看见银河是由为数众多的恒星和星云组成的。星云有亮有暗。亮星云密集处使银河增亮，例如，盾牌座、人马座一带的亮区，暗星云则表现为银河上的暗区。

银河系

知识点

银河带

银河带指在夜晚星空中所看到横跨天空的乳白色的星光带，俗称天河。在地球肉眼也能看到，它呈现出难以分清而国家连成一条白色带状的景观。用望远镜观看，就可以看出它是由许许多多密密麻麻的星星密集在一起，这条天河从北到南绕天一周，历经很多星座，自古以来几乎在每个星座里都有着迷人的美妙神话故事。例如，在天鹅座中有牛郎、织女的故事。在银河里除了恒星外，还有很多星云和星际尘埃等物质。银河里恒星的分布很不均匀，在星空勾画出轮廓不很规则、宽窄不很一致的带。在天蝎座和人马座中的恒星密度最大，是银河最亮的区域；在南十字座里有一个称为"煤袋"的黑色"窟窿"，是银河最暗的区域。

延伸阅读

牛郎织女的传说

农历七月七日之夜，称"七夕"，中国民间有"乞巧"的习俗，故七夕又称"乞巧节"。

在民间传说，七夕是牛郎织女鹊桥相会的日子。据说，牛郎是南阳城牛家庄的一个孤儿，依哥嫂过活。嫂子马氏为人刻薄，经常虐待他，他被迫分家出来，靠一头老牛自耕自食。这条老牛很通灵性，有一天，织女和诸仙女下凡游戏，在河里洗澡，老牛劝牛郎去取织女的衣服，织女便做了牛郎的妻子。婚后，他们男耕女织，生了一儿一女，生活十分美满幸福。

畅游天文世界

不料天帝查知此事，派王母娘娘押解织女回天庭受审。老牛不忍他们妻离子散，于是触断头上的角，变成一只小船，让牛郎挑着儿女乘船追赶。眼看就要追上织女了，王母娘娘忽然拔下头上的金簪，在天空划出了一条波涛滚滚的银河。牛郎无法过河，只能在河边与织女遥望对泣。他们坚贞的爱情感动了喜鹊，无数喜鹊飞来，用身体搭成一道跨越天河的彩桥，让牛郎织女在天河上相会。王母娘娘无奈，只好允许牛郎织女每年七月七日在鹊桥上会面一次。

由于农历的七月七日正当雨季，所以这一天常常下雨，人们便说这是牛郎织女的眼泪。农村中的一些少男少女还会趴在豆角架的下面，据说可以听到牛郎织女的悄悄话。因为牛郎织女的故事美妙动人，所以直到今天，人们还常常以"牛郎织女"来描述夫妻的恩爱。

银河系的构造

太阳系所在的恒星系统称银河系，包括2000亿颗星体，其中恒星大约一千多亿颗，以及大量的星团、星云，还有各种类型的星际气体和星际尘埃。它的总质量是太阳质量的1400亿倍。在银河系里大多数的恒星集中在一个扁球状的空间范围内，扁球的形状好像铁饼。扁球体中间突出的部分叫"核球"，半径约为7000光年。核球的中部叫"银核"，四周叫"银盘"。在银盘外面有一个更大的球形，那里星少，密度小，称为"银晕"，直径为7万光年。银河系是一个旋涡星系，具有旋涡结构，即有一个银心和两个旋臂，旋臂相距4500光年。其各部分的旋转速度和周期，因距银心的远近而不同。太阳距银心约2.3万光年，以250千米/秒的速度绕银心运转，运转的周期约为2.5亿年。

银盘。银盘是星系的主体，直径约为8万光年，中间部分厚度大约6000光年，太阳附近银盘的厚度大约为3000光年，银盘主要是由4条巨大的旋臂环绕组成，它是由无数的蓝色恒星组成的，太阳位于人马座臂和英仙座臂之间的猎户座臂上，距离银心2.8万光年或者8.5千秒差距。旋臂的形成与银河系创生时期星系核的活动有关系。

银心。星系的中心凸出部分，是一个很亮的球状，直径约为2万光年，厚1万光年，这个区域由高密度的恒星组成，主要是年龄大约在100亿年以上老年的红色恒星，很多证据表明，在中心区域存在着一个巨大的黑洞，星系核的活动十分剧烈。

银晕。银河晕轮弥散在银盘周围的一个球形区域内，银晕直径约为9.8万光年，这里恒星的密度很低，分布着一些由老年恒星组成的球状星团，有人认为，在银晕外面还存在着一个巨大的呈球状的射电辐射区，称为银冕，银冕至少延伸到距银心一百千秒差距或32万光年远处。

知识点 >>>>>

恒星

恒星是由炽热气体组成的，是能自己发光的球状或类球状天体。由于恒星离我们太远，不借助于特殊工具和方法，很难发现它们在天上的位置变化，因此古代人把它们认为是固定不动的星体。我们所处的太阳系的主星太阳就是一颗恒星。

恒星都是气体星球。晴朗无月的夜晚，且无光污染的地区，一般人用肉眼大约可以看到6000多颗恒星。借助于望远镜，则可以看到几十万乃至几百万颗以上。估计银河系中的恒星大约有1500亿－2000亿颗。

恒星的两个重要的特征就是温度和绝对星等。大约100年前，丹麦的艾依纳尔·赫茨普龙和美国的享利·诺里斯·罗素各自绘制了查找温度和亮度之间是否有关系的图，这张关系图被称为赫罗图。在图中，大部分恒星构成了一个在天文学上称作主星序的对角线区域。在主星序中，恒星的绝对星等增加时，其表面温度也随之增加。90%以上的恒星都属于主星序，太阳也是这些主星序中的一颗。

银河系的形状

银河系是一个中型恒星系，它的银盘直径约为 12 万光年。它的银盘内含有大量的星际尘埃和气体云，聚集成了颜色偏红的恒星形成区域，从而不断地给星系的旋臂补充炽热的年轻蓝星，组成了许多疏散星团或称银河星团。已知的这类疏散星团约有 1200 多个。银盘四周包围着很大的银晕，银晕中散布着恒星和主要由老年恒星组成的球状星团。

从我们所处的角度很难确切地看到银河系的形状。但随着近代科技的发展，探测手段的进步在某种程度上克服了这些障碍，揭示出银河系具有的某些出人意料的特征。长期以来人们一直以为银河系是一个典型的旋涡星系，与仙女座星系类似。但最近的观测却发现，它的中央核球稍带棒形。这意味着银河系很可能是一种棒旋星系。另外，银河系是一个比较活跃的星系，银核有强烈的宇宙射线辐射，在那里恒星以高速围绕着一个不可见的中心旋转。这表明在银河系的核心有一个超大质量的黑洞。

银河系有两个较矮小的邻居——大麦哲伦云和小麦哲伦云，它们都属于不规则星系。由于引力的作用，银河系在不断地从这两个小星系中吸取尘埃和气体，使这两个邻居中的物质越来越少。

北斗七星

晴朗的夜晚，满天繁星。除了少数几颗是行星之外，其余都是恒星。众多恒星中，人们最熟悉的应数北斗星了。北斗星一共有 7 颗，它们就像一把大勺一样终年挂在北天极附近，北半球的人一年四季都能看见它们。

按照目前国际通用的星座划分法，北斗七星属大熊座，7 颗星都是大熊座中较亮的星，分别为大熊座 α，大熊座 β，大熊座 γ，大熊座 δ，大熊

座 ε，大熊座 ξ 和大熊座 η。我国古代科学家并不使用星座，而是把星空划分成三垣和二十八宿，北斗七星即二十八宿中的斗宿。七颗星和我们的距离并不相等，它们在天球上的投影才构成了这个斗勺的形状。它们的中文名字分别是天枢、天璇、天玑、天权、玉衡、开阳和摇光。其中前面的 4 颗组成了斗勺，所以称它们为斗魁，而后面的 3 颗星像是斗勺的柄，所以又称斗柄。斗柄中间的开阳星即大熊座，实际上不是一颗单独的星，而是一个著名的六合星，视力好的人勉强可以看到开阳星有一颗 6 等的伴星。

北斗七星

北斗七星可以帮助我们判别方向。将北斗七星中的天枢和天璇联起来，再从天璇到天枢延长五倍远，就是北极星。找到北极星，你在任何地方都不会迷失方向了。北斗七星在天空中的位置与季节之间还存在着有趣的关系，我国古代劳动人民发现："斗柄东指，天下皆春；斗柄南指，天下皆夏；斗柄西指，天下皆秋；斗柄北指，天下皆冬"。这里说的都是黄昏时斗柄的指向。

北斗七星其中有五颗明亮的 2 等星和两颗 3 等星。在中国的神话传说中，北斗七星是位德高望重的神仙——北斗星君，他负责掌握每个人的寿命。

北斗七星的整体位置一年四季各不相同，它在北方有规律地变化着，即按逆时针方向绕北极星旋转：春季斗柄向东；夏季斗柄向南；秋季斗柄向西；冬季斗柄向北。

除了整体变化外，北斗七星中各个星星的位置也在不断变化着，它们各自运行的速度和方向都不一样。

知识点

星　座

在晴朗而又没有月亮的夜晚，我们眼睛能直接看到的恒星大约有3000颗，整个天球能被眼睛直接看到的恒星大约有6000颗。当然，通过天文望远镜观测会看到更多的恒星。1928年，国际天文学联合会决定，将整个星空划分为88个星区，叫星座，每个星座可由其中亮星的特殊分布辨认出来。比如，北斗七星属大熊星座，北极星属小熊星座，牛郎星属天鹰星座，织女星属天琴星座，冬夜星空中的"三星"属猎户星座，全天最明亮的恒星——天狼星属大犬星座等。天文学家们就像管理户籍一样，将每颗恒星按名称、位置、亮度和物理性质一一入册，每颗恒星的身份都在"户口簿"上。

星座的名称有的是根据其形态，以动物和器物名称命名；有的则与古代神话故事结合在一起，以神话中的人物命名。88个星座在星空中所占的范围有大有小。有的星座很大，例如，长蛇座、室女座和大熊座等，有的星座则很小，如南十字座、小马座、天箭座等。我国古代则将星空分为三垣、四象、二十八宿。我国古代的这种划分方法现在已不再使用，但对恒星的名称如天狼、老人、牛郎和织女等至今仍沿用。

延伸阅读

我国古代对北斗七星的记载

我国是世界上天文学发展最早的国家之一，对北斗七星的观察早有记

录，最完整的记载，始见于汉代纬书。最初有两种名称，一为《春秋运斗枢》所记。曰："第一天枢，第二旋，第三玑，第四权，第五衡，第六开阳，第七摇光。第一至第四为魁，第五至第七为标，合而为斗。"

《史记·天官书》称斗为帝车，这个帝就是黄帝，黄帝又称轩辕，轩辕正是车的意思，可能是黄帝族最先发明了车，相传黄帝的出生以及黄帝之孙孙颛的出生都与北斗星有关。该书说："北斗七星，所谓'旋、玑、玉衡、以齐七政'。……斗为帝车，运于中央，临制四乡。分阴阳，建四时，均五行，移节度，定诸纪，皆系于斗。"所谓"七政"，据《索隐》引《尚书大传》，指：春、秋、冬、夏、天文、地理、人道。即是说，自然界天地的运转、四时的变化、五行的分布，以及人间世事吉凶否泰皆由北斗七星所决定。其后的谶纬书更对此作了发挥。山东嘉祥县武梁祠汉代石刻画像中，黄帝便端坐在北斗云车之上，正向他的臣民进行演讲。其实，这幅画正体现了孔子的社会结构理想，即《论语》中："子曰：为政以德，譬如北辰，居其所，而众星拱之。"

《河图帝览嬉》曰："斗七星，富贵之官也；其旁二星，主爵禄；其中一星，主寿夭。""斗主岁时丰歉。"北斗星的最大特点是围绕北极星旋转，它是地球自转和公转的最好标志，古人很早就利用这一特性来判断夜间的时辰和一年的季节。

北极星

我们身处北半球的人，会发现北边半空中有一颗比较亮的星是永远不动的，这就是北极星。北极星是小熊座中最亮的星，小熊座 α 星，亮度为 2 等。顾名思义，北极星的位置应该是正好在北天极，即地球自转轴朝北的延长线上。实际上，它距离这一点还有 1 度远，因为周围没有其它亮星，小熊座 α 星就得到了北极星的桂冠。一年四季，从黄昏到黎明，北极星始终几乎不动地挂在北天极，成为北半球人们在夜间辨认南北的方向盘。

对星空不太熟悉的人，可能还不容易一下子就找到北极星。我们可以通过大家十分熟悉的北斗七星来寻找。找到北斗七星以后，将斗勺外

边沿两颗星连起来，并且朝斗口方向延长 5 倍远，就能找到北极星了。由于北极星近旁没有其它亮星，只有它孤零零地独坐在北天极的宝座上，所以你一定不会认错。

到了秋冬季节，北斗七星在天空中的位置很低，不容易看到了。而与北斗七星隔着北极星遥遥相对的仙后座这时正好升起在北方的夜空，因此这时可以利用仙后座来寻找北极星。仙后座有五颗相当明亮的恒星排列成英文字母"W"的形状，像一顶美丽的皇冠，很容易辨认。仙后座"W"开口的一面正对着北极星。

因为地球的自转轴正好指向北极星，所以北方天空中的星星都以北极星为中心，围绕着北极星做周日视旋转运动。北极星附近恒星的周日视运动全部都在地平圈之上，我们称这些星为拱极星。拱极星是位于天球的极点，也就是赤道坐标系统的天极附近恒星。由于地球自转的关系，使夜空看似也在转动，而多数恒星圆轨迹的部分路径会被掩蔽在地平圈下。

知识点 >>>>>

周日视运动

由于地球每天自西向东自转一周，造成了太阳每天早上从东方升起，晚上又从西方落下的自然现象。因为这种现象是地球自转造成的人的视觉效果，所以天文学上把太阳的这种运动叫做周日视运动。

月亮的周日视运动大家也很熟悉，所不同的是月亮每天升起的时间变化比较大，平均每天比前一天晚升起 50 分钟。像太阳和月亮一样，满天的繁星也不是每天都固定在星空中某个地方不动，它们也是每天都在作周日视运动，只不过很多人都没有注意到恒星的这种运动。

延伸阅读

耀眼的流星雨

如果你看到流星像雨雪一样漫天而来，那就是流星雨来了。这种现象在下半夜时出现较多。当流星雨现象发生时，可以看到它们是从星空某一辐射点向外发射的。其实，流星雨在天空的轨道是互相平行的，我们之所以认为它们的路径汇聚在一个辐射点，完全是透视的效果，就和透过云层的夕阳光辉呈辐射状的道理完全一样。

最大的流星雨是 1833 年 11 月 13 日夜晚，美国波士顿居民看到的。那天晚上，在狮子座附近的天空中，千千万万颗星星像漫天大雪般滚滚而来，多得不计其数。有人估计，在这一夜中出现的流星，有 24 万颗之多，真是光耀夺目，令人目不暇接。1872 年 11 月 27 日晚，在欧洲的上空也发生了一次较大的流星雨。一颗颗星星从天空的深邃之处不断迸射出来，宛如节日的礼花，从晚上 7 点一直持续到第二天凌晨 1 点，估计出现 16 万颗流星。有一点你要清楚，流星雨发生时没有隆隆的雷声，流星也会不落到地面上，只有满天星光彼此稍亮即逝。

北天星座

按宇宙学划分，宇宙中的 88 个星座则把整个天球分成了北天球和南天球两大部分。根据每个星座的大部分面积是在北天或在南天，分别被称为北天星座或南天星座。根据这种划分法，北天星座有 28 个，南天星座有 48 个，另外 12 个为黄道星座。下面介绍部分北天星座：

1. 后发座

北天星座之一。位于猎犬座南面，室女座的北面，牧夫座与狮子座之

间。后发座也正好处在狮子座的五帝座一与猎犬座的常陈一之间，因此，找起来还是比较容易的。这个星座没有什么亮星，但是，这些零散的星星在暗淡的星空中，看起来若云似雾，像是一束闪闪发光的金头发。后发座正好在我们这个银河系的北极方向上，所以当后发座升到天顶时，银河就与地平线相重合，这时我们就看不到银河。正因为在远离银河所在平面的方向上，遮住光线的气体和尘埃物质很少，因而以后发座为中心的牧夫座、大熊座、狮子座和室女座等星座，就是一个从银河系内观看银河系之外的宇宙世界的一个极好窗口。例如，从这里可以看到：由1万个星系组成的笼大的后发座星系团；偏大熊座方向的大熊星系团；朝室女座方向的"星系之巢"似的密集星系。当然这些遥远的星系肉眼是看不到的，只有用大型天文望远镜才能观测到。

传说古代埃及王后贝勒耐吉长着一头美丽的琥珀色头发。当国王远征时，王后为国王祷平安，并向女神阿佛洛锹忒许愿：如果神能保佑国王胜利归来，就把自己的头发剪下献给女神。不久，国王凯旋，王后毫不犹豫剪下自己美丽的头发，供奉在女神庙里。天神宙斯很欣赏她的美发，就把王后的美发升到天上，成为后发座。

2. 仙后座

拱极星座之一。位于仙王座以南，仙女座之北，与大熊座遥遥相对，因为靠近北天极，全年都可看到，尤其是秋天的夜晚特别荣耀。仙后座的五颗亮星构面"M"形状，所以找寻起来并不困难。由"M"形中央尖角所指方向，便是北天极方向，因此，仙后座也是找寻北极星的重要标志之一。1572年仙后座里有一次超新星爆发，那颗超新星甚至在白天也可看见，最亮时比金星还亮。但17个月后，这颗超新星已暗到肉眼看不到了。直到380年以后，天文学家在这个位置上发现了一个强大的射电源，它是这颗超新星爆发后的余迹。

传说仙后座是埃塞俄比亚国王克甫斯的王后卡西奥帕亚的化身。因为王后常在人们面前夸耀自己和女儿是世界最美的女人，连海王的女儿涅瑞伊得斯也不如她们，因而激怒了海王。国王和王后不得不将爱女献

给海王，幸好被英雄珀尔修斯所救世主。后来，国王和王后都升到天界，成为星座。王后在天上深感狂妄夸口不好，所以成为仙后座后，仍然高举双手，弯着腰以示悔过。

3. 大熊星座和小熊星座

北天拱极星座。大熊星座是北方天空中最明亮、最重要的星座之一。在北半球，一年四季都可以看到大熊星座，春季黄昏是观测它的最好时机。人们把大熊星座中的星星所组成的图案想像成一头熊，我们熟知的北斗七星是这头"熊"的一部分——北斗七星的斗勺是大熊的躯干，斗柄是大熊的尾巴。

小熊星座紧挨着大熊星座，由 28 颗 6 等星以上的星星组成，其中的小熊座 A 星就是著名的北极星。北极星与附近 6 颗比较明亮的星星，组成了一个类似北斗七星那样的小勺子。但这个勺子比较小，形状也不太一样，斗柄的端点就是北极星。

在古代希腊神话中，这头大熊原来是一位温柔美丽的少女，名叫卡力斯托，她的面孔清秀端庄、皮肤白中透红、身材苗条迷人。天神宙斯爱慕这位美丽的少女，便与她生下了儿子阿卡斯。宙斯的妻子赫拉忌妒卡力斯托，就施展法力将她变成了一头大母熊。15 年后，长成大人的阿卡斯在林中打猎时巧遇母亲。变成大熊的母亲，想张开双臂拥抱心爱的儿子。阿卡斯不知那是母亲，拔刀刺向大熊。宙斯不愿让亲子弑母的惨剧发生，就将阿卡斯变成了小熊，并将母子俩升上天空，化为大熊星座和小熊星座。为了破坏他们母子团聚，天后赫拉派猎人带着两条狗，紧紧地跟在后面追赶这两头熊。那猎人就是牧夫座，两条狗就是猎犬座。

4. 御夫座

北天星座之一。位于鹿豹座、英仙座、金牛座和双子座之间。在初冬夜晚，当猎户座四边形升到头顶上方时，在东北方天空中可看到由 5 颗亮星组成的一个明亮而美丽的巨大五边形，这就是御夫座。其实，御夫座五边形最南的 1 颗亮星，是属于邻近的金牛座的。五车二是星座中最亮的星，

也是离北极星最近的 0 等星，呈黄色。银河也通过御夫座，但是与人马座相反，这里正好是银河系边缘方向，所以银河的星雾是比较淡的。

传说牧人厄里克托尼奥斯是火神赫菲斯托斯的儿子。他像父亲一样聪明过人，又都是瘸子。在与妖魔巨人的战斗中，他发明的四轮战车，为胜利作出了贡献。天神宙斯为了嘉奖他，将他升到天界，成为御夫座。同时将曾经用乳汁喂养幼年的宙斯的母山羊阿玛尔忒亚和它的两只小羊羔，亦提升到天上，托付给厄里克托尼奥斯保护。亮星五车二就是那只母山羊，而旁边的 2 颗小星，就是母山羊的两只小羊羔。

5. 天鹅座

北天星座之一。位于天琴座与飞马座之间，是夏季夜晚星空中一个很醒目的星座。那个横在银河中的大"十"字形，就像一只正在飞翔的天鹅，很容易辩认。星座中最亮的天津四和银河两边的牛郎、织女构成一个大等腰三角形，称为"夏季大三角形"。在天鹅座里能够看到许多美丽的星云。顺着天鹅的身体，有一片黑暗的暗星云。在天津四东面，有一个形似北美洲大陆的北美洲星云。而在天鹅东面翅膀近旁，有一个好似仙女羽衣上的羽毛撒在银河上闪闪发光的网状星云。星座中还有一个流星群，出现在 8 月下旬，最盛期约在 8 月 20 日。

传说太阳神的独生子法厄同一个挚友西格纳斯。当他知道法厄同驾御太阳车失控，被雷击毙，附落河中后，感到十分悲痛。为了追悼亡友，他终日徘徊河边，找寻法厄同的遗体。天神宙斯为他对朋友的一片忠诚所感动，将他提升到天界，那就是终日飞翔在银河上的美丽的天鹅座。

6. 天龙座

北天星座之一。在北天四季可见。看起来很像一条蛟龙，弯弯曲曲地盘旋在大熊座、小熊座与武仙座之间，所跨越的天空范围很广。高昂的龙头紧靠武仙座，由 4 颗星组成，构成一个四边形。明亮的龙眼正凝视着未来的北极星——织女星。天龙的尾部有 1 颗名叫"右枢"的 4 等星，它曾是 4000 年前的北极星，据说埃及齐阿普斯王的金字塔底部有一

天龙座

条100多米长的隧洞，就是对着右枢的方向挖成的。古代埃及的神官就是从这里眺望当时的这颗北极星的。

传说天龙原来是一条喷火的毒龙，天后赫拉叫它看守赫斯珀里得斯果园里种植的金苹果树。赫斯珀里得斯是泰坦族阿特拉斯的女儿们居住的地方。英雄赫拉克勒斯来到赫斯珀里得斯果园取金苹果时，被这条巨龙挡住了。赫拉克勒斯找到正在为宙斯赎罪而驮着天的阿特拉斯，说替他驮天，让他到女儿处取来金苹果。接着赫拉克勒斯又巧计妙计哄骗阿特拉斯，拿到了金苹果并让阿特拉斯重新把天驮起来。后来，天后赫拉就把这条毒龙升到天上，成为天龙座。

7. 海豚座

北天星座之一。位于天鹰座的东北，东面是巨大的飞马座，北面是天鹅座，旁依银河。从牛郎星向东北方向看，可找到由4颗小星组成的一个小菱形，这就是海豚的头；在小菱形下面还有1颗小星，那就是海豚的尾巴。整个星座的星都不太亮，但无论在我国还是希腊，都有关于它的动人故事。

在我国，由于那个小小的菱形很像织布的梭子，俗称"梭子星"。传说这就是织女在与牛郎分别时，留给牛郎作为纪念的一只梭子。你看，牛郎星不就在它的近旁不远的地方吗！

在希腊神话中，海豚是海王的信使，当美人鱼安菲特里忒当初躲避海王求婚时，曾劝她嫁给海王为后。后来，海豚还曾经在海王的儿子亚里翁夺得音乐比赛的桂冠和其他奖赏后，在船上受到水后的攻击而跳海时，救过他的生命。宙斯为了嘉奖海豚，将它升到天上，化为海豚座。

8. 武仙座

北天星座之一。这是夏季夜晚星空中的一个大星座，也是全天几个大星座之一。位于天龙座之南，蛇夫座以北，天琴座与北冕座之间，紧跟着北冕圆环。武仙座范围虽然较大，可惜星座中的星都不很亮，全由 3、4 等星组成。1934 年在武仙座中曾发现一次新星爆发，它的亮度达到 1 等，可现在已变成暗星了。1960 年和 1963 年又连续发现星座中有新星爆发，只是亮度不如 1934 年的那颗新星亮。

传说大英雄赫拉克勒斯是天神宙斯和密刻奈王妃阿尔克墨涅所生。他一生建立了许多卓著的功绩，其中特别是杀死狮子精、消灭水蛇精等 12 个功绩最受人们称赞。他死后被提升到天上成为武仙座。只是这位大英雄的形象，对北半球的人来说，却是头朝下，脚朝上，成倒置的样子，看起来很不方便，但在南半球的的人看来，倒是很自然的了。

9. 鹿豹座

最靠近北天极的拱极星座之一。位于小熊座的熊尾巴尖所指方向，大熊座与仙后座之间。星座中的星都很暗，看不出什么明显的星座图形。这是一个因名字写错而将错就错的星座。1624 年德国数学家巴奇本想将这一大片由暗弱小星组成的星空，用《圣经》中的一匹骆驼来命名，因为这匹骆驼将利百加送到亚柏拉罕的儿子以撒那里，与以撒结为夫妻。可是，当他用希腊文字"骆驼"这个单词时，却误写成"长颈鹿"。以后就以讹传讹，将这个名字定了下来，中文译为鹿豹座。

10. 天琴座

北天星座之一。夏夜星空明亮星座之一。位于天龙座、武仙座与天鹅座之间的银河边上。织女是天琴座的主星，与银河彼岸的牛郎遥遥相对，12 000 年后，它将是那时的北极星。在织女星附近，有一个由 4 颗星组成的小菱形。整个星座虽小，但非常引人注目，各国都流传着有关它的种种传说。天琴座中有一个流星群，出现在每年的 4 月 19 日到 23

日，尤以 21 日、22 日最盛。

传说太阳神阿波罗之子俄耳甫斯是个天才的琴手。当他奏起七弦琴时，顽石也为之感动，草木和禽兽也要竖起耳朵静听。后来他与美丽的欧律狄刻结为夫妇，生活非常幸福。不幸，欧律狄刻为毒蛇咬伤而死。悲痛异常的俄耳甫斯就到冥国去，用琴声感动了铁石心肠的冥王，同意放还他已经亡故的新娘，只是警告他在回到人世的路上决不能朝后看，可惜就在接近冥国的出口处，俄耳甫斯禁不住回头看了他的新娘一眼，就在这一瞬间，他再一次也是永远地失去了心爱的妻子。失去妻子的俄耳甫斯因悲伤过度而死去。天神宙斯怜悯他，便把他的七弦琴升到天上，成为天琴座。

11. 蝎虎座

北天星座之一。在飞马座以北，天鹅座与仙女座之间。一长串暗淡的小星星，像九曲桥一样，弯弯曲曲地排列在从紧接仙王座到飞马座四边形西北小三角的联线上，很不容易辩认出来。1687 年波兰天文学家赫维利斯划定这个星座时，原先想像的星座图形，并不是蜥蜴，而是像一只水獭或貂的动物，因为在他的家乡波兰格但斯克很少见到蜥蜴。

12. 猎犬座

北天星座之一。位于大熊座东南，牧夫座西面，是由几颗暗淡的星星组成的一个星座。这个星座原是大熊座的一部分，1690 年波兰天文学家赫维留斯才把它划成独立的星座。星座中较亮的星叫"常陈一"，它与牧夫座的大角和狮子座的五帝座一两颗亮星组成一个等边三角形。用小望远镜可以在猎犬座中看到一个美丽的河外星系，这个星系是旋涡结构，在其中一个旋臂的末端还带有一个小的卫星星系，它是离我们最近的河外星系之一。

传说天后赫拉看到卡利斯托和阿卡斯母子俩都升到天上，并化为大熊座和小熊座后，非常嫉妒。除了不让他们母子俩下海休息外，还派了个猎人带着两只猎犬去追逐他们。这两只猎犬就是现在的猎犬座。不过由于星座中的星都不很亮，所以很难把它们看成猎犬的形状。

知 识 点

宇宙学

　　宇宙学，就是从整体的角度来研究宇宙的结构和演化的天文学分支学科。自古宇宙的结构就是人们关注的对象，历史上曾出现过各种各样的宇宙学说。如古希腊阿利斯塔克的日心说、统治中世纪欧洲1000多年的地心说、16世纪波兰哥白尼的日心说等。牛顿力学创立以后，建立了经典宇宙学。到了20世纪，在大量天文观测资料和现代物理学的基础上产生了现代宇宙学。

延伸阅读

星座是怎样命名的

　　早在古巴比伦时代，人们为了占星的需要，将较亮的星划分成若干星座。他们把星空中较亮的星星凭想象的虚线连接起来，描绘出人或动物的形象，并加以命名，这就是最初的星座，像金牛座和狮子座。

　　到了公元2世纪，希腊人将星座和娓娓动听的古希腊神话传说联系起来，在北半球的星空便出现了我们今天所熟悉的猎户座、仙女座和古希腊的星座神话。而南天的星座和十六世纪环球航海的成功有着密切的联系，所以这个区域的星座多是像罗盘、望远镜等和航海有关的名称。

　　1928年，国际天文学联合会清楚地划分了星座的边界，全天划分为88个星座，使每一颗星星都属于一个特定的星座。星座中按星星的亮度用希腊字母排序来称呼，最亮的为α，接下来是β，以此类推。

南天星座

部分南天星座介绍:

1. 天鸽座

南天星座之一。位于猎户星座和天兔座南面。整个星座呈"人"字形。"人"字形的头上的那颗星,在空间以 100 公里每秒的高速飞行,是"恒星三大飞毛腿"之一。天鸽座在天球上的位置与武仙座、天琴座的方向正好相反,太阳系在空间是向着这两个星座运动的,因此,与天鸽座里的天体就愈来愈远。

天鸽座最初名叫"诺亚鸽座",就是把橄榄枝衔回诺亚方舟,报告洪水已开始退去的一只鸽子。另外,还有一个传说,从希腊到科尔喀斯去取金羊毛的远征船"阿尔戈"号在进入黑海时,要从叫做"撞岩"的两块活动大岩石之间通过。这两块大岩石经常激烈地碰撞,把任何过往船只撞得粉碎。"阿尔戈"号勇士们先放了一只鸽子飞过去。当时两块岩石虽然猛烈地碰撞,但鸽子只被夹住一点尾毛就飞走了。乘着岩石重开的机会,"阿尔戈"号得以安全通过,最后取回金羊毛。天鸽座就是这只鸽子的化身。

2. 堰蜓座

南天星座之一。苍蝇座、船底座与南极座之间,是 1604 年由德国业余天文学家巴耶所划定的一个又暗又小的星座。大约再过约 2000 年,南天极将移到这个星座中。到那时,用小望远镜就能看清由 1 颗双星来担承应届的南极星。其实这颗双星是由正巧排在一直线上的一远一近两颗星形成的视双星。

3. 半人马座

南天星座之一。对南半球的观测者来说,半人马座是秋天晚上的星座,但在我国只有南方几个省份在春天晚上才能看到。位于长蛇座南面,南十

到其他星球去旅行

134

字座以北，圆规座、豺狼座与船帆座之间，其南部浸在明亮的银河当中。半人马座中最亮两颗星——黄色的南门二和白色的马腹一，互相间靠得很近，并且很接近圆规座。14世纪郑和七下西洋时，曾用它们来导航，称它们为"南门双星"。著名的比邻星就在半人马座，它是南门二这颗三合星的一个子星，是距我们太阳系最近的一颗恒星。

4. 巨爵座

南天星座之一。公元2世纪古希腊天文学家托勒玫划定的春季小星座。位于长蛇座与乌鸦座之间。星座中都是暗星，其中有4颗4等星形成歪斜的四边形，就象一只酒杯。传说巨爵是太阳神阿波罗饮酒用的酒杯。

5. 剑鱼座

南天星座之一。位于山案座以北，绘架座之南，网罟座与飞鱼座之间，在船底座亮星老人星的西南方向上。1603年为德国业余天文学家巴耶所划定。剑鱼座内的星都不亮，所以为人注目，是因为著名的大麦哲伦星云就在剑鱼座与山案座之间，其中三分之二在剑鱼座界内，肉眼可以看到它是一片不小的光斑。另外，南黄极也在这个星座内，位置就在大麦哲伦星云东北边缘上。在大麦哲伦星云东边缘上，有一个星云，因为形状像一只毛茸茸的淡红色蜘蛛，故称为"蜘蛛星云"。1987年2月23日，在蜘蛛星云旁边突然出现1颗超新星，这是近400年来观测到的最高的超新星。它原来是1颗12等暗星，到1987年5月15日最亮时为2.8等，两年后又降为8等星。

6. 南十字座

南天星座之一。全天最小的星座。位于半人马座与苍蝇座之间的银河之中，我国只有南方几个省份才能看到它。星座中主要的亮星组成一个"十"字形，从这个"十"字形的一竖向下方一直划下去，直到约4倍于这一竖的长度的一点就是南天极。在北半球的低纬度处观测，这根延长线与地平线的交点基本上就是正南方。14世纪航海家郑和七下西洋时，曾用这个星座来导航。在古希腊托勒玫时代，地中海地区原是可以看到它的，

被看作是半人马的脚。由于岁差，到了现代，这一部分星空已经移向南方，在北半球大部分地区再也不能看到。所以直到17世纪时，欧洲天文学家才把它从半人马座中划出来，作为一个独立星座。

南十字座所在的银河部分是银河最亮的段落。在南十字座"十"字形的左下方有一片黑暗的尘埃星云，衬托在明亮的银河背景上，就好像是银河中的一个漆黑的洞穴，叫做"煤袋"，它的面积同"十"字形几乎一样大小，一直延伸到相邻的半人马座和苍蝇座。

7. 乌鸦座

南天星座之一。位于室女座西南，巨爵座与长蛇座之间，由4颗3等星组成歪斜的四边形。乌鸦座四边形中的轸宿一和轸宿三两星遥指室女座的角宿一的西南边。公元2世纪古希腊天文学家托勒玫在《大综合论》中就已经列出了这个小星座。

传说太阳神阿波罗有个侍从乌鸦最爱说谎。有一次，由于乌鸦说谎，阿波罗误杀了他的妻子科洛尼斯，使他犯了不可挽回的错误。乌鸦因此被罚将身上漂亮的银白色羽毛变成黑色，并永受干渴之苦。因而至今乌鸦的羽毛是黑的，而且叫声嘶哑难听。乌鸦死后，天视宙斯为了告诫后人，把这只乌鸦升到天上化为星座。

8. 北冕座

北天星座之一。位于牧夫座与武仙座之间。这是一个夏天才出现的星座。星座内7颗主要的亮星环绕成一个半圆形，闪耀着白色的光芒，很像一顶宝石镶嵌的冠冕，其中最亮的1颗星贯索四则是冠冕上的明珠。因此，这个星座比较容易辩认。

传说酒神狄俄尼索斯与公主阿里阿德涅结婚时，狄俄尼索斯送给新娘一顶晶莹的宝石镶嵌的美丽的冠冕，作为结婚礼物。不久公主病死，一向欢乐的酒神因失去心爱的妻子，心中十分悲痛，将这顶华冠抛向空中，华冠愈升愈高，最后升到众星之列。至今，我们不能在天上找到这顶美丽的冠冕。

9. 仙女座

北天星座之一。位于英仙座与飞马座之间，仙后座南面，是一个秋季上半夜很显眼、所占空间也比较广的星座。我们可以首先找到天上那个由4颗亮星组成的大而醒目的四边形，叫做"飞马仙女四边形"。四边形中3颗星是飞马座的主星，在四边形左上角的那颗亮星就是仙女座的壁宿二，它是仙女的头。从壁宿二开始向东北方可以看到3颗亮度差不多相同的星，它们与壁宿二几乎等距离排成一列。其中最近壁宿二的是仙女的胸部，离得较远的叫"奎宿九"，相当于仙女孩子的腰，而最远的那颗叫"天大将军一"，是仙女被锁住的一只脚。这4颗星形成仙女座的主体。仙女座里有许多美丽的天体。例如，"天大将军一"初看是由较亮呈黄色的星和较暗的黄星组成的双星。而这个双星中较暗的星的颜色经常变化，从黄色、金色、直到蓝色，用大望远镜可以看到这颗暗星又是两颗相距很近的星组成的双星，所以"天大将军一"实际是三合星。著名的仙女座大星云就在仙女的腰部，

仙女座

肉眼隐约能看到一块青白色云雾状光斑，它是一个与银河系一样的星系。另外还有每年11月中旬出现的著名仙女座流星群。

传说古时埃塞俄比亚国王克甫斯和王后卡西奥珀亚生有一个美丽的公主安德洛墨达。王后常夸耀她的女儿比海王波赛东的女儿还美。这句话激怒了海王，于是海王便派鲸鱼到国王统治的地方，兴风作浪残害百姓。后来国王得到神的启示，为了拯救百姓，只能把公主用锁链锁在海边岩石上，以供奉鲸鱼怪。正当在这危急时刻，英雄珀尔修斯骑着飞马路过这里，救下了公主并与她结了婚。后来，公主被神提升到天上成为仙女座。

10. 牧夫座

北天星座之一。与大熊座和猎犬座相邻，南临室女座，东接北冕座和武仙座，北邻天龙座。从北斗星的斗杓 3 星向东就可以看到它。牧夫座形状像一个五边形的大风筝，在风筝的南端有 1 颗橙黄色的亮星，名叫"大角"，这颗星就像挂在风筝尾巴上的一盏明灯。大角与室女座的角宿一、狮子座的五帝座一这 3 颗星，构成一个巨大的三角形，称为"春季大三角"，在春天夜晚的天空中非常引人注目。

传说天后赫拉看到化成大熊和小熊的美女卡利斯托和她的儿子阿卡斯被天神宙斯提升到天界，占据着两个荣耀宝座——大熊座和小熊座后，心中非常嫉妒。于是就叫海王永远不让大熊座和小熊座沉到地平线下去休息外，还加派了一个忠实的猎人带着两只猎犬，紧紧地在两只熊的后面追赶。这个猎人就是牧夫座。

11. 南冕座

南天星座之一。位于人马座南面，望远镜座以北的银河边上。公元 2 世纪由古希腊天文学家托勒玫所划定的一个由暗星排成小椭圆形的星座。天上有两顶冠冕，一北一南遥相对应，但南冕座远不如北冕座明显而易于辩认。传说，南冕是天神为了表彰马人喀戎的功绩而奖给他的一顶桂冠。

12. 天燕座

南天拱极星座之一。位于南三角座南面，紧接南极座，我国只有南沙群岛地区才能看到。其主要特点是在"一"字形的东端有 3 颗星形成一个狭三角形。这个狭三角形正好处于南三角座东面尖角上的 2 等亮星三角形三到南天极的中点上，因为南天极没有一颗像北极星那样的亮星，所以天燕座中这个三角形就成了确定南天极的重要标志之一。只要找到南三角座和天燕座的狭三角形，便可确定南天极的位置了。天燕座最早出现在 1603 年德国业余天文学家巴耶所绘的世界上第一幅全天星图上。天燕实际上是极乐鸟的形象。由于它产于东印度群岛的巴布亚新几内亚，所以这个星座最初的名称是"印度鸟座"。

13. 天鹤座

南天星座之一。位于南鱼座的亮星北落师门南面。1604 年德国业余天文学家巴耶的星图上首次将它划为独立的星座。阿拉伯人曾把它划为南鱼座的一部分，18 世纪英国人叫它为"红鹤座"。星座中有 4 等以上的星 9颗，所以在南天星座中，天鹤座是比较明亮的。在星座中有两颗肉眼可以分辨的双星，但实际上是由于双星的子星正巧位于同一视线方向而形成的，其实并没有物理上的联系。

14. 唧筒座

南天的星座之一。法国天文学家拉卡伊为了纪念英国物理学家波义耳发明唧筒而划定的星座。位于长蛇座南面、船帆座北面、半人马座与罗盘座之间，是个很不起眼的小星座。春天的晚上与长蛇的心脏、一个孤零零的红色 2 等星星宿一同时升到正南方向。整个星座的星都很暗，其实也看不出什么唧筒的形状来。

拉卡伊是世界上第一位绘出完整的南天（南半天球）星表和星图的人。1750—1754 年间他在南非好望角系统地测量了南半天球的恒星，并于1763 年出版了包括有 2000 颗恒星的精确位置的星表和星图。当时由于在原有的明亮星座之间还留着不少空隙，那些天区既没有亮星，暗星排列的形状也不明显，所以一直没有划入任何星座。拉卡伊就把这些遗留下来的小块暗淡的星空补划成独立的小星座，各用一件当时新发明的科学仪器或美术工具来命名。唧筒座就是其中的一个星座。

15. 波江座

南天星座之一。南北跨度最大的星座。从猎户座南端附近开始，蜿蜒曲折地在金牛座、鲸鱼座与天兔座之间流过，直到南天紧接水蛇座的地方。是北半球冬天夜晚的主要南天星座之一。整个星座中大多数的星都比较暗，只有一头一尾两颗星引人注目。在波江座最南端的那颗亮星是水委一，我国只有南方才能看到它。

传说有一天，太阳神阿波罗的儿子法厄同驾驶着他父亲的太阳金车在

天空中驰聘。由于法厄同用长鞭抽打骏马，使马失去常态，拉着金车离开天道乱奔。金车掠过云层，碰到高山，使大地变成一片火海。天神宙斯为了制止这场灾难，避免整个宇宙的毁灭，只得用雷锤向金车打去，恰好击中法厄同，使他从车上摔下，附落到爱立丹那斯江里。此时，失控的金车才驶返天道，天地也才慢慢恢复正常秩序。后来，宙斯就将爱立丹那斯江移到天界，成为南天的波江座。

16. 船底座

南天星座之一。位于飞马座与苍蝇座之间，船尾座和船帆座之间，大部分在银河之间。船底座有两个引人注目的菱形：一个在船座座与船帆座交界处，由这两座星座中各两颗亮星共同组成，人称"假南十字"；另一个是在"假南十字"东南方的"南船钻石"。"南船钻石" 4 颗星虽不很亮，但在 4000 年后它将担任船底座中第一任南天极的角色。"假南十字"与南十字座很相像，只是南十字座的一横向左倾，"假南十字"的一横向右斜。"假南十字"总是先升起来，往往使人误认为是南十字座。到 6000多年后，它将担任船底座中第二任南天极的角色。在船底座中有 1 颗全天第二亮星老人星。以天狼星为中点，向北偏西可看到猎户座的参宿四，向南偏西差不多同样距离，闪可以看到发白色光芒的老人星了。在大约 12 000 年后，当北天极指向织女星时，南天极就将指向老人星。

印第安座

传说希腊英雄伊阿宋率领众勇士乘坐"阿尔戈"号大船去觅取金羊毛，经过许多磨难，最后终于取得这一无价之宝的金羊毛，凯旋而归。后来，女神雅典娜把这艘海船提到天上成为南船座。但由于南船座范围太大，1750 年法国

天文学家拉卡伊翅将其分成 3 个星座，船底座就是其中最南边的一部分星空。

17. 印第安座

南天拱极星座之一。北邻显微镜座，南抵南极座，望远镜座与天鹤座之间。1603 年德国业余天文学家巴耶所划定。当时欧洲人第一次看到从新大陆来的土著居民，巴耶就设置了这个象征印第安人形象的星座。虽然在这一部分星空里，看不出一个印第安人的具体形象，可是这一位星空中的印第安人脚踏南极座，西面和北面有遥望宏大宇宙世界的天文望远镜和俯视微小世界的显微镜为邻，身旁还有他家乡的杜鹃鸟，水边的天鹤和林中的孔雀、极乐鸟天燕、火凤凰等 5 只飞鸟簇拥着他翱翔，所以他在星空中所占的位置是相当不错的。

知识点

流 星

在晴朗澄静的星空，有时会出现一道白光一闪即消失，你会脱口而出——流星！流星体并不是我们常见的普通星体，它们是由尘埃、冰团和碎块等组成的。当它们闯入地球大气圈同大气摩擦燃烧产生光迹，就是我们所见的"流星"。

流星出现的数目在每夜都不完全相同。在一般条件下，有时凭肉眼一小时可以看见 4~6 颗偶发流星。流星出现的时间是无规律的，也许等十分钟还不见一颗。很久以来，人们总结出这样的规律，夜愈深所见流星愈多，一般地讲下半夜所发现的流星比上半夜所发现的流星数目约多一倍。流星之所以被称为流星，是因为它的发光期限太短了，短的不过 3~5 秒，所以只有很亮的流星才能留下余迹，但是只有用仪器才能追赶上它。那些流星体是环绕太阳运行的天体，为什么会与地

球大气相碰呢？这是因为它们在围绕太阳转圈子时，在经过地球附近时，受地球引力吸引，会接近地面，闯入大气与空气分子、原子碰撞受热气化，因而发出耀眼光芒。

延伸阅读

我国古时对星空的划分

早在上古时代，人们便开始观察天象变化，并将星象的变化和人类的活动联系起来。为了便于辨认和记录，古人将星空中若干相邻的恒星组合在一起，用皇家设置的机构和官员命名，所以称为星官，意思是天帝的官员。

为了便于在星空中寻找，中国古人将星空分成"三垣"、"二十八宿"三十一个星区。北天极和近头顶天空分为三个区域称为"三垣"，它们分别是"紫微垣"，指天帝居住的皇宫；"太微垣"是天帝处理政事的地方，而"天市垣"是与各诸侯国交易的地方。其它就像切西瓜一样，沿着两极，把天球切成二十八块，记为二十八宿，它不仅包括各宿星座自身，在这个范围里的星座都属于这个星宿。

据《吕氏春秋》记载，中国古人很早就发现月球大约是27.3日走一周，黄道带被分成二十八星宿，月球大约是一天走一个宿，就像一天住一个宾馆，这样便于记录月球的位置。每七宿组成一象，共为四象，用动物来命名，它们分别是苍龙、白虎、朱雀、玄武。与三垣的皇宫大臣对应，四象则象征着四方臣民。

黄道星座

1. 白羊座

黄道星座之一。位于金牛座西南，双鱼座东面。星座中主要的 3 颗星排列的形状像是一把老式手枪，从秋末直到春天来到，它总在天空中闪烁着微光。2000 年以前的春分点就在白羊座，现在的春分点已移到双鱼座。每年约 4 月 18 日到 5 月 14 日太阳在白羊座中运行，黄道上的谷雨和立夏两个节气点就在这个星座。

在一个遥远而古老的国度里，国王和王后因为性格不合而离婚，国王再娶了一位美丽的王后。可惜，这位新后天性善妒，她看到国王对前妻留下的一对儿女百般疼爱，非常的恼火。日积月累，她决定除掉王子和公主，夺回国王的爱。

春天来的时候，新后将发放给百姓的麦种全部炒熟，这样，农民们无论怎么浇水施肥都不可能使麦子长出新芽。这时候，新后开始散布谣言，说庄稼颗粒不收是因为国家受到了诅咒，而受到诅咒完全是因为王子和公主邪恶的念头！因为邪恶的王子和公主，全国的人民都将陷于贫穷饥饿的深渊中，这是一件多么可怕的事啊！善良而淳朴的百姓轻易的相信了王后的话，很快地，全国各地不论男女老少，都一致要求国王一定要将王子与公主处死，国家才能解开这个诅咒，平息天怒，人民的辛苦耕种才会有收获，国家也才能回复过去的安定富足。国王众怒难犯，虽心有不舍，但还是下令处死王子和公主。

这个消息传到了王子和公主生母的耳中，她于是向宙斯求救，日日祈祷。宙斯很快知道了这件事情。就在行刑的当天，他派出一只长着金色长毛的公羊将王子和公主救走。王子一直没有感到恐惧，因为他的天性乐观；而公主顽皮粗心，就在飞跃大海的时候，一个不小心掉下羊背摔死了。宙斯为了奖励公羊将它高高悬挂的天上，也就是今天大家熟知的牡羊座，而王子的乐观和公主的粗心就是牡羊座人的最大特点。

2. 金牛座

黄道星座之一。冬季星空中一个很美丽的星座。位于英仙座和御夫座以南，猎户座的西北。每年约5月14日到6月23日太阳在金牛座中运行，小满、芒种和夏至3个节气点都在金牛座中。星座中有两个著名的疏散星团：毕星团和昴星团。"V"形的毕星团构成金牛的脸，而昴星团则被想像为牛肩。作为牛眼睛的橙红色亮星毕宿五，它和轩辕十四、心宿二、北落师门合称"四大王星"。

在非常遥远的古希腊时代，欧洲大陆还没有名字，那里有一个王国叫腓尼基王国，首府泰乐和西顿是块富饶的地方。国王阿革诺耳有一个美丽的女儿叫欧罗巴。

欧罗巴常常会梦到一个陌生的女人对自己说："让我带你去见宙斯吧，因为命运女神指定你做他的情人。"那时候宙斯还只有赫拉一个妻子，而且宙斯并不爱他的妻子，他整日处在郁郁寡欢之中，命运女神克罗托觉得帮助宙斯找到幸福。她知道火神有一件长襟裙衣，淡紫色的薄纱上用金丝银线绣了许多神祇的生活画面，价值连城，而且美不胜收。克罗托把这件衣服要过来，让宙斯去送给欧罗巴。起初宙斯兴致不大，但当他见到欧罗巴时，不禁为她的美色深深吸引，宙斯无可自拔地爱上了这个欧陆公主。他以一位邻国王子的身份去提亲，并把神衣送给了欧罗巴。但是欧罗巴并没有答应他，她心里一直想着命运女神的承诺。

一天清晨，欧罗巴像往常一样和同伴们来到海边的草地上嬉戏。正当它们快乐的采摘鲜花、编织花环的时候，一群膘肥体壮的牛来到了片草地上，欧罗巴一眼就看见牛群中那一只高贵华丽的金牛。牛角小巧玲珑，犹如精雕细刻的工艺品，晶莹闪亮，额前闪烁着一弯新月形的银色胎记，它的毛是金黄色的，一双蓝色的眼睛燃烧着情欲。那种无形的诱惑让欧罗巴难以抗拒，她欣喜地跳上牛背，并呼唤同伴一起上来，但是它们没有人敢像欧罗巴一样骑上牛背。正在这个时候，金牛从地上轻轻跃起，渐渐飞到了天上。同伴们惊慌的喊着欧罗巴的名字，欧罗巴也不知所措，金牛飞跃沙滩，飞跃大海，一直飞到一座孤岛上。这时候紧牛变成了一个俊逸如天神的男子，他告诉她，他是克里特岛的主人，如果欧罗巴答应嫁给他，他

可以保护她。但是欧罗巴没有答应他，她心里一直想着命运女神的承诺。

一轮红日冉冉升起，欧罗巴被一个人撇在了孤岛上，她向着太阳的方向怒喊到："可怜的欧罗巴，你难道愿意嫁给一个野兽的君王做侍妾吗？复仇女神，你为什么不把那头金牛再带到我面前，让我折断她的牛角！"突然，她的背后传来了浅笑，欧罗巴回头一看，竟是梦中那个陌生的女人。美丽的女人站在她面前说到："美丽的姑娘，快快息怒吧，你所诅咒的金牛马上就会把他的牛角送来让你折断的。我是美神维纳斯，我的儿子丘比特已经射穿了你和宙斯的心，把你带到这里来的正是宙斯本人。你现在成了地面上的女神，你的名字将与世长存，从此，这块土地就叫做欧罗巴。"欧罗巴这才恍然大悟，终于相信了命运女神的安排。而十二星座中的金牛座也由此得名，成为爱与美的象征。

3. 双子座

黄道星座之一。位于御夫座南面，金牛座与巨蟹座之间的银河边上。在星座中可以看到两颗比较接近的亮星：一颗银白色的叫"北河二"；另一颗金黄色的叫"北河三"。在这两颗星的下面，并列着两排星星，直到银河，形成一个很大的长方形，这是双子座的主要特征。人们把整个星座想像为一对亲密无间的孪生兄弟，他们不仅在形状上十分相似，而且在组成上也很相像。北河二用小望远镜就能看清它原是双星，如果用更好的观测设备，可以发现这双星的每个子星又都是双星。另外在北河二近旁，还有一个肉眼看不到的很暗的食双星，因此，北河二实际上是六合星。而那颗北河三经过观测，发现也是六合星。双子座虽也是黄道星座，但座内只有小暑 1 个节气点。星座内还有一个著名的流星群，每年 12 月中旬出现，流星最盛时，几十颗流星像一条条白链，飞舞在夜空，极为壮观。

在遥远的希腊古国，有一个美丽动人的传说。温柔贤惠的丽达王妃有一对非常可爱的儿子，他们不是双生，却长得一模一样，而且两兄弟的感情特别深厚，丽达王妃觉得十分幸福。

但是有一天，希腊遭遇了一头巨大的野猪的攻击，王子们召集了许多勇士去捕杀这头野猪。其间，勇敢的哥哥杀死了野猪，但是也受了伤。凯旋后，举国欢庆的时候，丽达王妃为了安慰受伤的哥哥，偷偷向他吐露了

实情。原来，哥哥并不是国王与王妃所生，而是王妃与天神宙斯的儿子。所以，他是神，拥有永恒的生命，任何人都伤害不了他。哥哥知道以后再三保证不会告诉任何人这个秘密，哪怕是他最亲爱的弟弟。

然而，不幸的是，勇士们因为争功而起了内乱，竟形成了两派，彼此看对方不顺眼。后来他们开始打了起来，场面一发不可收拾。两位王子立即赶去阻止，但是没有人肯先停手。就在混战之中，有人拿长矛刺向哥哥，弟弟为了保护哥哥，奋勇扑上，挡在哥哥的身前。结果，弟弟被杀死，哥哥痛不欲生。其实哥哥有永恒的生命又怎么会被杀死呢？只怪不知情的弟弟太爱他的哥哥了。

哥哥为此回到天上请求宙斯让弟弟起死回生。宙斯皱了皱眉头，说道："唯一的办法是把你的生命力分一半给他，这样，他会活过来，而你也将成为一个凡人，随时都会死。"但是哥哥毫不犹豫的答应了。他说，弟弟可以为了哥哥死，哥哥为什么不能为了弟弟死呢？宙斯听了非常感动，以兄弟俩的名义创造了一个星座，命名为双子座。

4. 巨蟹座

黄道星座之一。位于狮子座西面，双子座东面，形状像个"人"字。星座中没有亮星，是黄道十二星座中最暗最小的一个星座。每年约 7 月 21 日至 8 月 11 日，太阳在巨蟹座中运行，大暑和立秋两个节气点就在巨蟹座。在星座中央有一个由 4 颗暗星组成的小四边形，那是巨蟹的身体。四边形顶角上的星分别和四边形外的几个小星连起来，就成了巨蟹的螯和足。巨蟹座的小四边形的中央，有一个者名疏散星团，名叫"鬼星团"，又叫"蜂巢星团"。肉眼看上去像一团模糊的白色云雾，我国古称"积尸气"。直到望远镜发明后，才知道它是由约 500 多颗恒星组成的一个星团，距离地球 500 多光年。

在很久很久以前，赫五力大战蛇妖许的时候，从海中升出一只巨蟹为帮助蛇妖咬了赫五力的脚踝，后来这只巨蟹被赫五力打死，落在了爱琴海的一座小岛上。巨蟹没有完成女神赫拉的任务，因而被诅咒，这诅咒便波及到了雅典王后的身上。在雅典公主美洛出生的时候，就有一位预言家预言，公主结婚的时候就是王后死亡的时候。为着这个预言，王后一直没有

叫公主嫁人。

直到美洛二十岁的时候，雅典城来了一位王子，名叫所飒。所飒是慕名而来，他一心想娶美洛为妻，而美洛在第一眼见到所飒时也深深地爱上了他。然而诅咒是可怕的，公主也不希望只为了自己的幸福去牺牲母亲的生命。于是她想尽办法阻止所飒也阻止自己的欲望。他定下了九关，就如同九个不可能完成的任务一样，除非所飒一一做到，他才可以迎娶美洛。然而，英勇无比的所飒竟一一做到了！公主陷入了两难的境地。伟大的母亲为了女儿的幸福，毅然决定把美洛嫁给所飒。

在美洛和所飒举行婚礼的这一天，王后并没有到场，她不希望宴会上出现什么意外来破坏气氛。王后一个人悄悄走向海边，迎接着爱琴海的浪涛，蹈水自尽了。当人们怎么也找不到王后时，在海上发现了一只巨大的蟹，它的双臂环绕在胸前，仿佛缺乏安全感，又像是一位善于保护的母亲。

赫拉知道这件事情以后也有些后悔，于是让那温柔而敏感的母亲在天上成为一个星座，它的形象就是一只巨蟹。

5. 狮子座

黄道星座之一。春天星空中著名的星座。位于巨蟹座东面，室女座和后发座之西。每年约 8 月 11 日到 9 月 17 日，太阳在狮子座中运行，处暑和白露两个节气点就在狮子座。我们可以这样来寻找狮子座，以牧夫座的大角和室女座的角宿一为两个顶点，向西画一个正三角形，在三角形第三个顶点处就能找到 1 颗 2 等亮星五帝座一，它是狮子的尾巴。五帝座一右边便是狮子座。另一办法是先找到著名的北斗星，把联接两颗指极星的线，向与北极星相反方向引伸，就会看到由 5、6 颗不太亮的星组成一个反写的问号 "?" 形状，或像把镰刀，这就是狮子的头和前足。反写问号下的那一点，是著名的亮星轩辕十四。轩辕十四与金牛座的毕宿五、天蝎座的心宿二、南鱼座的北落师门大体等距离沿黄道分布，被合称为黄道带"四大王星"。狮子座中有个流星群，每年 11 月中旬前后出现，每隔 33 年左右有一次壮观的大流星雨出现，最近一次大流星雨发生在 1965 年，下次大约在 1999 年出现。

尼密阿是巨人堤丰和蛇妖厄格德的儿子。当人与妖相爱的时候，尼密

阿就从月亮上掉了下来，是上天赐给这对夫妇一个漂亮的宝贝，家人都叫他阿尼。

阿尼实际上是个半人半妖的怪物。白天他是一头凶猛的狮子，全身的皮毛闪着太阳的颜色；到了晚上，他才变成人形，是一个金发蓝眼的少年。

阿尼的妹妹许德拉是一个九头蛇妖，她的上半身和人一样，而且十分美丽；下半身是蛇，月光一样的银色。

阿尼从小就深深爱着许，他们虽然有同样的父母，但阿尼是从天上掉下来的，而许是母亲厄格德自产的。许一直认为阿尼是天上的某颗星星，终归是要回到天上去的，而阿尼说，在回到天上以前愿意为许做任何事，包括死。于是他们相爱了。

然而幸福的日子很快被厄运撕碎。英雄赫五力按照神谕昭示，接受了国王的十项任务，其中两项就是杀死阿尼和许。阿尼不明白为什么神界的争斗要波及到他们，宙斯犯下的错要他们来承担。阿尼本不愿与赫五力为敌，但为了保护心上人许，他决定将赫五力挡在尼密阿大森林外。许想要阻止他前往，阿尼安慰到："除了你，没有人能杀死我！你放心吧，我一定可以战胜这个宙斯与凡人的儿子。"说完，他只身前往去会赫五力。

许很爱阿尼，他不会让阿尼去送死，她决定在阿尼之前击退赫五力，哪怕是同归于尽。许来到阿密玛纳泉水旁迎战赫五力。然而，尽管她可以变出九个头形成咄咄逼人之势，但赫五力毕竟是一个伟大的英雄，他勇敢而果断地杀死了蛇妖许，并把随身带的箭全部浸泡在剧毒蛇血里。

傍晚，阿尼也终于找到了赫五力，他现在是一头浴血的雄狮，朝赫五力猛扑过来。赫五力拔剑与狮子战在一处，但狮子的皮毛似乎任何利器也穿不透，赫五力根本没法杀死他。天色渐渐暗了下来，赫五力想到那些浸毒的箭，于是瞄准狮子射了过去。一支、两支没有射中，第三支箭射中了狮子的心脏。那浸着许的毒血的箭一下子射进了阿尼破碎的心。狮子倒在地上变成了人。赫五力惊诧的看着阿尼，而阿尼一句话也没有说就死去了。

后来宙斯让阿尼回到了天上变成了星星，就是那个灿烂如太阳的狮子座。而属于狮子座的人类也被赋予了勇于为爱情而牺牲的性格。

6. 室女座

黄道星座之一。春季星空中一个著名的星座，也是全天第二大星座。

室女座西邻狮子座，东接天秤座，后发座和牧夫座之南，长蛇座以北。把星座中主要星星连起来，就像一个倒挂天空的"Y"形。在"Y"形的末端，是室女座最亮的星角宿一。角宿一和牧夫座的大角、猎犬座的常陈一，以及狮子座的五帝座一组成一个巨大的菱形，称为"室女座的金刚石"。每年约9月17日到11月1日，太阳在室女座中运行。秋分、寒露和霜降3个节气点就在室女座中。室女座在号称星系王国的大熊一后发一室女星系带上。著名的室女座星系团就在这里，它是距离我们最近的星系团之一，包含有几千个星系。目前，室女座星系团正以1000千米/秒的速度离开我们。

泊瑟芬是一个纯洁的女神。

她是人间的大地之母、谷物之神狄蜜特的独生女儿，是春天的灿烂女神，只要她轻轻踏过的地方，都会开满娇艳欲滴的花朵。

有一天，泊瑟芬和同伴们在山谷中的草地上摘花，她惊奇地发现一朵银色的水仙，美的光彩照人。她渐渐远离了同伴，伸手去采摘那朵水仙。就在她摘下它的一瞬间，水仙化作一团紫色的烟雾，一股淡淡的阴间的香气弥漫开来。烟雾渐渐散去，眼前出现了一个一身黑色，有着紫色眼眸的俊逸非凡的男子。

泊瑟芬惊得后退了一步。只见那男子嘴角边流露出一丝可怕的笑，说道："女神，你破除咒诅救了我，那就履行我的誓言嫁给我吧！"泊瑟芬还没有弄明白是怎么一回事，地上就裂开一道缝，一股强大的力量把她卷了进去……

泊瑟芬的呼救声回荡在山谷里，狄蜜特抛下手中的谷物，飞跃千山万水去寻找女儿。人间没有了大地之母，种子不再发芽，肥沃的土地结不出成串的麦穗，人类面临巨大的灾难。这一切很快传到了宙斯的耳中，他知道劫走泊瑟芬的是冥王海地士，便下令再一次诅咒他。海地士终究敌不过宙斯的法力，但他是真的爱着泊瑟芬。他知道自己马上就会再次陷入长长的昏睡，于是对泊瑟芬说："我身上的香气应该属于人间，请你把它带走吧！"说完，海地士闭上眼睛，再也看不见心爱的春天女神泊瑟芬了。

泊瑟芬从地府回到人间的时候正是春天，她把百花的香气撒在大地上，把灿烂的阳光带给每一个人。然而，她却忘不了在地府长眠的海地士，那

149

双紫色的眸子在女神的心里挥之不去。夏天，女神疲惫的思念着；秋天，女神又沉甸甸的思念着。到了冬天，女神终于忍不住跑到了地府看望海地士。这时候海地士就会奇迹般的醒过来，等到春天泊瑟芬一离开他，他又陷入睡眠。年复一年，这个纯洁美丽的女神发现自己是真的爱上了阴郁的冥间幽灵。

于是宙斯便规定一年之中有四分之一的时候可以让他们相会。从此以后，大地结霜，寸草不生的冬天就是泊瑟芬到地府去见海地士的日子。宙斯感动于这份特别的爱情，将天上的一个星座封为室女座以纪念泊瑟芬为人间所做的一切。

7. 天秤座

黄道星座之一。位于室女座与天蝎座之间，正好横列在天蝎头部的前方。星座内几颗主要星星排成一个四方形，其中氐宿四是全天唯一的一颗肉眼能看得出鲜明绿色的星，很值得仔细观测辨别一下。每年约 11 月 1 日至 11 月 23 日太阳在天秤座中运行，立冬和小雪两个节气点就在天秤座。天秤座原先是天蝎座的一部分。尽管在古罗马以前，印度和中东文化中早就把这一部分的星叫"秤杆子"，但罗马人直到公元前 1 世纪的恺撒时代，才发现当太阳运行到这部分星空时，正是昼夜平分的秋分前后，因而才将这一部分星独立划出，并命名为"天秤座"。由于岁差，现在的秋分点早已移到西面的室女座了。

正义女神是宙斯的女儿，海神波塞冬是宙斯的弟弟。

在极为遥远的年代，人类与神一起居住在地上，过着和平快乐的日子。而正义女神和波塞冬在长时间的相处中也产生了感情，他们彼此尊重，互相爱慕。正义女神有着男子一样的气质，坚毅而热情；波塞冬像海一样深邃，冰冷。宙斯有无数的妻子，因此也有数不清的儿女，而波塞冬是他唯一的兄弟，是他和天后赫拉用泪水造出来的。不仅宙斯和天后疼爱他，神殿里所有的神祇都视如掌上明珠。正义女神却十分独立，有自己的思想。

人类很聪明，他们逐渐学会了建房子、铺道路，但与此同时也学会了勾心斗角和欺骗。战争和罪恶开始在人间蔓延，许多神无法忍受纷纷回到天上居住，只有正义女神和波塞冬留了下来。女神没有对人类绝望，她认

为人类终有一天会觉悟，回到过去善良纯真的本性。但是波塞冬却对人类丧失了信心，他悲观的劝女神回到天上去。女神自然不听，于是两人生平第一次争吵。他们争执得很激烈，从人类的问题上不断升级，最后竟吵到了彼此的身世上。正义女神鄙夷波塞冬不过是一滩咸水，而波塞冬则抖落出宙斯的丑闻及女神私生的事

天秤座

实。正义女神受到极大的侮辱，找到父亲宙斯评理。天后赫拉建议两人比赛，看谁能更让人类感受和平，谁输了谁就向对方道歉。赫拉偏爱波塞冬，又嫉妒正义女神的母亲，她知道水是生命的源泉，一定会让人类感到和平。

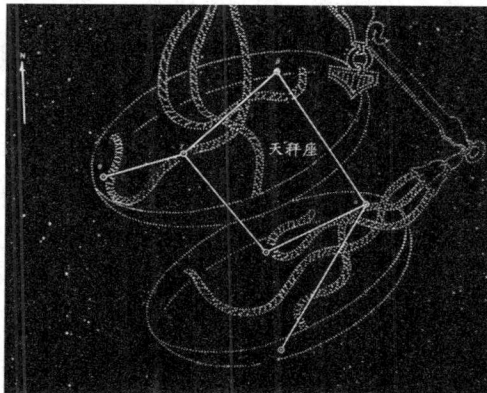

比赛的地点设在天庭的广场，由海神先开始。只见波塞冬朝墙上一挥，裂缝中就流出了非常美的水，晶莹剔透，让人看了以后感到无限的清凉与舒适。这时候正义女神变成了一棵树，这棵树有着红褐色的树干，苍翠的绿叶以及金色的橄榄，任何人看了都感受到爱与和平。波塞冬朝女神微笑着，他知道女神的心愿终于实现了。

人类认识到和平的重要，女神与波塞冬和好如初，宙斯为了纪念这样的结果，把随身带的秤往天上一抛，就有今天的天秤座。

8. 天蝎座

黄道星座之一。夏季晚上出现在南方天空。天蝎座位于蛇夫座、天秤座与人马座之间，大半沉浸在银河之中。天蝎所在的这一段银河，正是银河最亮的一段，银河系核心就在天蝎尾钩的北方，人马座与蛇夫座的交界处。整个星座的一长列亮星排成一个巨大的弯钩，看上去真像一只拖着长尾巴的大蝎子，极为逼真。在星座的弯钩上方，有1颗红色1等星心宿二，就是天蝎的心脏。心宿二和北落师门、毕宿五、轩辕十四合称"四大王星"，它们基本上等间距分布在黄道附近。天蝎座虽是黄道十二星座之一，

但黄道通过天蝎座的一段却很短，每年约11月23日太阳从天秤座进入天蝎座后，很快就进入不属于黄道十二星座的蛇夫座，然后就运行到人马座。

世上原本是没有沙漠的，没有沙漠也没有琥珀。

太阳神的宫殿，是用华丽的圆柱支撑着，镶着闪亮的黄金和璀璨的宝石，飞檐嵌着雪白的象牙，两扇银质的大门上雕着美丽的花纹，记载着人间无数美好而又古老的传说。太阳神阿波罗的儿子法厄同，女儿赫莉就居住在这个美丽的宫殿里。法厄同天生美丽性感，冲动自负；妹妹赫莉温柔善良，却没能得到父亲的恩赐，拥有一张太阳神那样美丽的面孔，这使得她很无奈，因为她深深爱着的是法厄同。同样喜欢法厄同的还有绝美的水泉女神娜伊。

日复一日，年复一年，在无尽的相思与失望之中赫莉渐渐变得忧郁而敏感，自负的法厄同并不理解她，依旧与娜伊成双成对。每当赫莉有所表示，法厄同总是以他们是同一个父亲为由将赫莉挡在门外。赫莉再也无法忍受他的绝情和冷漠，终于，一个无知的谎言在她的脑海中诞生了。有一天，她找到法厄同，对他说："亲爱的哥哥，我不能再隐瞒你了，虽然她是我们的母亲，我本不该嘲笑她什么，但我不得不告诉你，你并非天国的子孙，而是克吕墨涅，也就是我们亲爱的母亲，和一个不知名的凡人所生。"冲动的法厄同轻易的相信了一向不说谎的妹妹，跑到父亲阿波罗那里问个究竟。但是无论阿波罗怎样再三保证，他就是不相信自己是父亲的亲生儿子。最后，太阳神无奈，指着冥河起誓，为了证明法厄同是自己的儿子，无论他要什么，他都会答应。然而法厄同选择的却是太阳神万万没有料到的太阳车！要知道法厄同根本不会驾驶太阳车，如果不按照规定的航线行走，那必将酿成大祸。可是，自负的儿子完全听不进劝告，跳上太阳车，冲出了时间的两扇大门。

星星一颗颗隐没了，金色的太阳车，长着双翼的飞马，无尽的天空，魔鬼一样的幻象……法厄同根本控制不了太阳车，任由它在时空里毁灭性的穿梭。草原干枯了，森林起火了，庄稼烧毁了，湖泊变成了沙漠！地上的人们不是冻死就是热死，天昏地暗，人世间充斥了无数的怨气。赫莉眼睁睁看着惨剧的发生，知道是这一切都是自己的错，她无奈地叹着气，狠心放出一只毒蝎，咬住了法厄同的脚踝，众神这才欲趁机阻止他，但是一

切都为时太晚了，燃烧着的法厄同和太阳车一起从天空坠落到广阔的埃利达努斯河里。水泉女神娜伊含泪将他埋葬。而赫莉绝望的痛哭了四个月，最后变成了一棵白杨树，她的眼泪变成了晶莹的琥珀。宙斯为了警示人类自负的弱点，以那只立了大功的蝎子命名了一个星座，叫天蝎座。

9. 射手座

黄道星座之一。也叫人马座，位于蛇夫座之东，摩羯座以西，天鹰座、天蝎座与望远镜座之间，正好在银河最明亮的部分。银河系核心方向就在人马座内，靠近人马座、天蝎座和蛇夫座交界点处。每年约 12 月 19 日到 1月 20 日太阳在人马座中运行，冬至和小寒两个节气点就在人马座。将人马座的东面 6 颗亮星联接起来，形状很像北斗星，所以又称"南斗六星"。星座中有许多疏散星团和球状星团，还有不少有名的星云。例如，在人马座的西部有个弥散星云，在望远镜中可看到有几条黑气将星云分成 3片，所以又称"三裂星云"。在人马座、巨蛇座和盾牌座的交界处，有个形似马蹄子的星云，称"马蹄星云"。

在遥远古希腊的大草原中，驰骋着一批半人半马的族群，这是一个生性凶猛的族群。"半人半马"代表着理性与非理性、人性与兽性间的矛盾挣扎，这就是人马部落。部落里唯一的例外射手奇伦，是一个生性善良的男子，他对人坦诚真挚，谦逊有理。因此受到大家的尊敬与爱戴。

有一天，英雄赫五力来拜访他的朋友奇伦。赫五力早就听说人马族的酒香醇无比，便要求奇伦给他拿来享用，可是，他喝光了奇伦的酒仍不尽兴，执意要喝光全部落的酒。奇伦非常耐心地解释给他听，酒是部落的公共财产，不是任何一个人可以独自占有的，希望赫五力不要因为一时的兴致而犯众怒。赫五力向来脾气暴躁，怎么能听得进奇伦的话，他把这个善良的朋友推到一边就闯进了人马部落。果不出奇伦所料，暴躁的赫五力和凶猛的人马族碰在一起，冲突不可避免的发生了。

赫五力力大无穷，幼年即用双手扼死巨蟒，他完成国王的十项不可能完成的任务都游刃有余，连太阳神阿波罗都惧他三分，人马族虽然厉害，也并不是赫五力的对手，他们纷纷落逃。赫五力手持神弓紧紧追赶，借着酒劲，大肆进攻。人马族被逼得走投无路，只好逃到了奇伦的家中。人们

153

DAO QITA XINGQIU QU LVXING

惶惶不安，赫五力站在门口大声呵斥，如果再没人出来，他就把这个部落毁掉。奇伦听到这里，为了部落，为了朋友，为了化解这场争斗，他奋不顾身地推开门，走了出来。就在那一刹那，赫五力的箭也飞了过来！赫五力惋惜又痛心的看着自己的朋友被神箭射穿心脏，而奇伦则用尽最后的力气说道："再锋利的箭也会被软弱的心包容；再疯狂的兽性也不会泯灭人性。"

巨 蟒

这时候，奇伦的身体碎成了无数的小星星，飞到了天上，它们聚集在一起，好像人马的样子，那只箭还似乎就在他的胸前。为了纪念善良的奇伦，人们就管这个星座叫射手座。

10. 摩羯座

黄道星座之一。位于宝瓶座和天鹰座之南，紧接人马座的东南。在秋天晚上，把织女与牛郎两星设想联接起来，向南延长同样的长度，可以看到两颗 3 等星，它们是摩羯的头，再从这里向东把分散的暗星联起来，成为一个底朝上的三角形，这就是摩羯座。摩羯座不是个很明亮的星座。每年约 1 月 20 日到 2 月 18 日，太阳在这个星座中运行，大寒和立春两个节气点就在摩羯座。

牧神潘恩长得很丑。他日日看管着宙斯的牛羊，却不敢与众神一起歌唱；他一直爱慕着神殿里弹竖琴的仙子，却不敢向她表白……这一切都只因为他丑陋的外表。潘恩害羞而自卑，也没有什么法力，在天界几乎不名一文。

没有人了解他那丑陋的外表下掩藏着的炽热的心，也没有人愿意走近他去聆听他那动人的箫声。在天河的尽头有一个湖泊，是谁也不敢涉足的，因为它的水是被诅咒过的，任何人踏进河水一步都会变成

鱼，永远也变不回来。但是潘恩无所顾忌，他知道即使自己在最热闹的地方也不会有人注意，还不如就在这湖泊边上吹箫，或许仙子可以听见呢！

然而有一天，正当众神设宴欢聚的时候，黑森林里的多头百眼兽却突然窜进了大厅！这些怪兽呼天嗥地，排山倒海，所有的神都无法制服它，于是纷纷逃离。正弹着竖琴的仙子被吓坏了，她呆立在那里，不知道如何是好。眼看怪兽冲着仙子而去，胆小而害羞的潘恩却猛地跳了出来，他抱起仙子就跑，怪兽紧紧追赶。潘恩知道自己根本跑不过怪兽，情急之中忽然想起了天河尽头的湖泊，于是拼命的向湖泊跑去。怪兽也知道那湖泊的厉害，它暗笑潘恩的愚蠢，往那里跑岂不是自寻死路！

但是怪兽万万没有想到，潘恩竟义无反顾的踏进了那个湖泊，他把仙子高高擎在手中，自己站在湖泊的中央。怪兽这下没了办法，只好放弃。等到怪兽离开以后，潘恩才小心翼翼的挪到岸边放下仙子。仙子十分感激想把潘恩拉上来，但是潘恩的下半身已经变成了鱼！宙斯以他的形象创造了魔羯座，而魔羯座的人们也像潘恩一样，严谨而内敛，对于幸福有着自己独特的理解。

11. 宝瓶座

黄道星座之一。宝瓶座又叫水瓶座。位于飞马座和双鱼座南面，南鱼座北面。位置大体在牛郎星、北落师门和飞马座大四边形所组成的三角形中央。由于亮星不多，所以描绘出的形象也很不清楚。宝瓶座的主要特征是在飞马座头部的南面，有 4 颗 4 等星构成一个 "Y" 字形，像个 "水瓶" 的形状。从瓶口向南和东南方向上分别有两列闪烁着的暗星，这便是从宝瓶中倾泻出来的琼浆玉液，这些琼浆玉液最后一直向南流入南鱼座的鱼口之中。在南鱼口上，正好有 1 颗 1 等星北落师门。每年约 2 月 18 日到 3 月 12 日，太阳在这个星座中运行，雨水和惊蛰两个节气点就在宝瓶座。星座中有一个行星状星云，用望远镜可看到其形状很像土星，所以又称 "土星状星云"；宝瓶座中有两个流星群：一个在 5 月上旬天亮前出现，另一个在 7 月下旬出现。

伊是特洛伊城的王子，是一位俊美不凡的少年。他的容貌是连神界都

少有的。

伊不爱人间的女子，他深深爱着的是宙斯神殿里一位倒水的侍女。这个平凡的侍女曾经在一个夜晚用曼妙的歌声捕获了伊的心，也夺走了特洛伊城里所有女孩的幸福。

天界的那个女孩叫海伦，和特洛伊城里最美丽的女子海伦拥有同样美丽的名字。宙斯非常喜爱海伦，尽管她只是一个侍女。可是有一天，海伦无意中听到太阳神阿波罗和智慧女神雅典娜关于毁灭特洛伊城的决定，海伦不顾戒律赶去给王子伊报信。结果在半途中被发现，宙斯的侍卫们将海伦带回了神殿。宙斯不忍处死她，但决定好好惩罚她。在他的儿子阿波罗的提示下，宙斯决定将这份罪转嫁给与海伦私通的特洛伊王子身上。

这天，宙斯变做一只老鹰，降临在特洛伊城的上空。他一眼就看见在后花园中散步的王子。宙斯惊呆了，他见过许多美丽的女神和绝色的凡间女子，却从来没见过如此俊美的少年。宙斯被伊特别的气质深深吸引，一个罪恶的念头油然而生。他从天空俯冲下来，一把抓起伊，将他带回了神殿。

在冰冷的神殿，伊见不到家人也见不到海伦，他日渐憔悴。而宙斯却逼迫伊代替海伦为他倒水，这样他就可以天天见到这个美丽的男孩。宙斯的妻子女神赫拉是个嫉妒成性的女子，她看在眼里，怒在心头，她不仅嫉妒宙斯看伊时那样无耻的眼神，更嫉妒伊有着她都没有的美丽光华。于是赫拉心生毒计，决定加害这个无辜的王子。她偷偷将海伦放走，海伦自然要与伊私逃下界，这时她再当场将两人捉住。雅典娜明白这是赫拉的计谋，但也无能为力，被激怒的宙斯决定处死伊。然而，就在射手奇伦射出那致命一箭的刹那，侍女海伦挡在了伊的胸前！

眼看奸计没能得逞，赫拉恼羞成怒之下，将伊变成了一只透明的水瓶，要他永生永世为宙斯倒水。然而，水瓶中倒出来的却是眼泪！众神无不为之动容，于是宙斯变将伊封在了天上，作一个忧伤的神灵。

伊夜夜在遥远的天际流泪，人们抬头看时只见一群闪光的星星仿佛透明发亮的水瓶悬于夜空，于是叫它水瓶座。

12. 双鱼座

黄道星座之一。位于宝瓶座与白羊座之间，仙女座、飞马座以南，鲸鱼座以北。整个星座没有什么亮星，星座中星的排列就像一个巨大的"V"字形，从东南面包围仙女座和飞马座。"V"字形的每一边象征一条鱼，这两条鱼用丝带连结在一起，连结点就是在"V"字形末端的1颗名叫"外屏七"的4等星。每年约3月12日到4月18日，太阳在双鱼座中运行，春分和清明两个节气点就在双鱼座。

鱼也有眼泪，只因在水中哭泣，我们看不见罢了。

爱神丘比特也有自己的爱情。只不过，那是一段很远很远的往事了，没有人记得，也没有人提起。

故事要从美神维纳斯说起。当维纳斯还很年轻的时候，她爱上了大卫——这个古罗马传说中最美的男子。大卫是完美的，而维纳斯是残缺的，她是一个断臂美女，她的残缺在大卫眼中却是如此的完整。他们的结合是神界里最伟大的爱情，正因如此上天赐给他们一件最能象征爱情的礼物，那就是他们的孩子丘比特。

丘比特是一个长着双翼的可爱男孩，他有一把玲珑的神弓，凡是被他的箭射中的人们都会相爱，而且会永远幸福。但是，同样渴望爱情的丘比特却不能带给自己幸福，因为他无法用箭射中自己。

就在那次神的宴会上，维纳斯带着心爱的儿子丘比特去参加，一个神情特别的女孩闯进了丘比特的心。这个女孩很漂亮，却一脸的黯然神伤，丘比特走上前询问原因，原来这个女孩是预言家所罗门的女儿，所罗门曾经预言这是一场灾难的宴会，而她，血石，将成为这场灾难的祭献。丘比特听后非常的伤心，因为他不仅同情女孩的遭遇，而且已经不知不觉间爱上了她。

就在这个时候，可怕的百眼怪出现了！它呼风唤雨，将宴会搅得一塌糊涂。百眼怪是专门与众神为敌的，它本领很大，众神拿它都没有办法，除了拼命地逃离。血石说："不能再这样下去了，我们终究要除掉这个恶魔。"她似乎忘记了父亲的预言，勇敢地冲向了怪物。而丘比特万分担心血石的情况下，竟慌乱的朝怪物射了一箭，他只想击退他，却忘了他自己的

箭是做什么用的。不幸的是这只箭不仅射中了怪物，还射中了奔向怪物的血石！与此同时，维纳斯找到了心爱的儿子，拉起他跳进河里，他们变成两条鱼来脱险。丘比特无法挣脱母亲的手，他含泪回头望着，望着血石和怪物一起离开，消失在茫茫的宇宙中……

后来，天上就有了一个星座叫双鱼，可是丘比特不在上面，他一个人孤独地坐在木星上，有的时候会向着地球的方向射上一箭。于是，浪漫的双鱼座女孩就会在世界末日与陌生人共舞，爱上他，然后移民到另一个星球去结婚生子……

知识点

黄道十二宫

我们常常提到的十二星座又叫黄道十二宫，是88个星座里面比较特殊的一个群体。由于地球绕太阳公转，从地球看去，太阳像是在星座之间移动，人们把太阳的运行路线叫做黄道，而月球和行星的轨迹基本不离黄道上下9度的狭窄区域，人们又将这个区域叫做黄道带。自古以来，黄道带有着特殊的天文和占星学上的意义。古时黄道带上有十二个星座，而太阳基本上是每个月经过一个黄道星座，所以称为黄道十二宫。

延伸阅读

星球不会永远发光

星球不会永远发光。在截至目前为止的宇宙历史中，已经有无数的星球曾经诞生而又死亡。星球的寿命取决于其重量，重量与太阳相当的星球

大约存活 100 亿年，较重的星球也有活不过 1000 万年的。较轻的星球仍在第一代，或是好不容易刚刚迈入第二代，但是较重的星球早已历经数不清的世代交替了。

　　宇宙诞生之后最初形成的星球是由氢和氦等较轻的元素构成，星球内部发生核融合反应，首先是氢和氢结合成为氦，接着从氦产生碳，然后产生氧、氖、镁、硫、钙、铁等较重的元素。重星在临终时会发生超新星爆炸，把含有这些元素的气体释放到宇宙中。这些气体再度集结形成星球，在走完一生时发生超新星爆炸。这样的过程一再反复，使得构成生命的元素逐渐齐备。

河外星系理论

我们现在对宇宙的基本认识是，在相对较小的时空内，宇宙中的物质依次聚集为星体、星系、星系团、超星系团……20 世纪 20 年代，天文学家哈勃开辟了河外星系的研究，被誉为"星系天文学之父"。由此，人类逐步把眼光投向了银河系外的星系。

星系的定义

在茫茫宇宙中，有着千姿百态的"星城"，它们错杂地分布着。每个"星城"都是由无数颗恒星、各种天体和星际物质组成的天体系统，天文学上称之为"星系"。我们的太阳系就居住在一个巨大的星系——银河系之中。在银河系之外的宇宙中，有许多像银河系这样的星系存在，它们统称为"河外星系"。

星系也有多个聚集在一起的，两个聚在一起的叫"双星系"，多个聚在一起的叫"多重星系"。一群星系聚集在一起又可以组成星系集团。银河系和它周围的 30 多个星系就组成了一个集团——本星集团。所有的星系加上尚未发现的河外星系，构成了一个巨大的星系集团，称为"总星系"。

我们能用肉眼看到的星系不多，只有几个，而且它们看上去也只是像星星那样大的光斑。仙女座星系是离我们银河系最近的河外行星系之一，它与银河系非常相似，包括类似于银河系的各种各样的恒星、星团和星云等。仙女座河外星系虽然是我们的邻居，但它到我们的距离却有 200 多万

光年。

各种星系如宝石般闪烁着光芒，相貌各异。凭着我们目前的观测设备，看到的最远的星系大约为150亿至200亿光年。天文学家根据星系的形状，将所有星系划分为三大类：一类是漩涡星系，它们呈螺旋状，有几条弯转的旋臂；一类是椭圆星系，它们的外形像一个椭圆；另一类是不规则星系，它们没有固定的形状，一般比较小。

漩涡星系是指具有旋涡状结构的河外星系。从外表看，它就像从靠近中心比较亮的雾核中伸出的旋涡星系臂，像钟表发条那样，沿着旋涡形围绕核旋转。它的中心区为透镜状，周围绕着扁平的圆盘，因此，又把它叫做透镜星系。旋涡星系通常有一个结构稀疏的晕，叫做星系晕。笼罩着整个星系。再往外可能还有更稀疏的气体球，称星系冕。星系的质量大约是太阳质量的10亿~1000亿倍。典型的旋涡星系是仙女座星系M31。它距我们约220万光年，用肉眼能看到它像飘浮着的薄云。星系的中间部分像固体轮子那样在旋转，距离中心越远，旋转速度越低。星系的直径大约是18万光年左右，其质量大约为太阳质量的4000亿倍，其中可能有4000亿颗恒星。旋涡星系的旋涡形状，最早是在1845年，科学家观测猎户座星系M51时发现的。旋涡星系可分为正常旋涡星系和棒旋星系。正常旋涡星系又可分为3种，分别用a、b、c表示，旋涡星系用字母S标，Sa型中心区最大；Sb中心区较小；Sc型中心区为一个亮核。

椭圆星系是指形状呈圆球形或椭圆形的河外星系。它们看起来就像球状星团，不过规模更大。它的中心区最亮，向边缘逐渐变暗。含有恒星很多，但没有或仅有少量星际气体和星际尘埃。质量差别很大，质量最小的矮星系（指光标度最弱的一类星系）与球状星团相当，质量最大的超巨型星系可能是宇宙中最重的恒星系统，达10亿个太阳质量。

椭圆星系用字母E表示。在其中很有趣的是最亮最大的星系M87，它是处女座星系团中主要的星系。这个巨大的星系有几百个球状星团组成的随从。这些球状星团在照片上因距离太远，很难同恒星区别开来。它的中心有一个极亮的核心，颜色较蓝，表明其中心有一个大质量的十分致密的天体，很可能是黑洞。M87不仅有固定的喷射流现象，也有向四面八方的喷射流现象。

没有核心的星系是指外形不规则，没有明显的核和旋臂，也没有旋转对称性的星系，这种星系用字母 I RR 表示。在全天亮星系中，只占 5%，该星系也可分为两类。一类是有隐约可见，不很规则的棒状结构；一类是无定形的外貌，分辨不出恒星和星团等组成部分，而且往往有明显的尘埃带。不规则星系具有中等的和小的光度，它们多数是矮星系。平均绝对星等是 −14 等，直径为 1500～3000 秒差距。麦哲伦云属于最亮最大且不规则的星系。它的尘埃含量少，年轻恒星多。它离银河系很近，又与银河系有物理上的联系，因此有人认为它是银河系的伴星，是麦哲伦作环球航行时发现的。前者距我们 17 万光年，后者距我们 20 万光年，直径分别为银河系的 10% 和 20%。近来，发现在大、小麦哲伦星云之间，被由氢原子组成的气体"桥"联接起来。并且有人认为银河系，大、小麦哲伦云，这三个星系构成了三重星系。

知识点 >>>>>

星 团

在一个不大的空间区域里，数十颗至数万颗以上的恒星聚在一起，所形成的恒星集团称为"星团"。数十至数百颗恒星不规则地聚在一起组成的星团叫"疏散星团"；数以万计的恒星聚在一起密集呈球状的星团叫"球状星团"。

现在，在银河系中已经发现约有 130 个球状星团，它们由上万颗，甚至几十万颗老年恒星组成。目前在银河系中最大的球状星团是位于半人马座内的 W 星团，它也是最亮的星团，距地球约 1.6 万光年。到现在为止，在银河系中共发现 1000 多个疏散星团。

天空澄清无云时，在我国最容易看见的疏散星团位于金牛座中，那就是大名鼎鼎的"七姐妹星团"。

与星团相似的星协

星协是指由早型恒星组成的，彼此具有物理联系的，比星团稀疏得多的恒星群。此概念是 1947 年阿姆巴楚米扬提出的。星协和星团相似，但并不相同，星协是由物理性质相近，光谱型大致相同的恒星组成，它们的表面温度相同，结构不密集。而星团则是由各种不同物理性质和光谱型各不相同的恒星组成，结构较密集。星协分两种：一种是由 O 型星和 B 型星组成的，叫 O 星协。直径是 100～600 光年。另一种是由金牛座 T 型变星组成的星协，叫做 T 星协。直径在 10～300 光年。其中常见的有目视双星。星协是一种年轻的天体，年龄只有几百万年。目前已发现 60 多个 O 星协，20 多个 T 星协。

奇妙的是，在某些天区内既有 O 星协又有 T 星协。非常热闹壮观。著名的猎户座星协就是这样的例子。这个星协夹杂在一团巨大而稀薄的氢气云中，距离太阳大约是 1500 光年。而且，在这个星协中，大量的氢气云里夹杂着大量的年轻恒星，说明恒星产生了气体云这个看法。

星系的类型

宇宙中没有两个星系的形状是完全相同的，每一个星系都有自己独特的外貌。但是由于星系都是在一个有限的条件范围内形成，因此它们有一些共同的特点，这使人们可以对它们进行大体的分类。

1923—1924 年，美国著名天文学家哈勃通过望远镜拍照观测发现仙女座大星云中的造父变星，从而推算出仙女座大星云与我们的距离，这距离表明它是在银河系之外，是类似银河系一样的恒星天体系统，像这样由几十亿至几千亿颗恒星以及星际气体和尘埃物质等组成的天体系统，称为星

系，除我们的银河系之外的星系统称为河外星系。

在多种星系分类系统中，天文学家哈勃于 1925 年提出的分类系统是应用得最广泛的一种。哈勃根据星系的形态把它们分成三大类：椭圆星系、旋涡星系和不规则星系。

椭圆星系分为 7 种类型，按星系椭圆的扁率从小到大分别用 E0 ~ E7 表示

哈柏分类法根据椭圆星系椭率的估计进行分类，从 E0，接近圆形的，到 E7，非常瘦长的。这些星系，不论视线的角度是如何，都有着椭圆形的外观。它们看似没有任何的结构，而且相对来说星际物质的成分也很少。通常这些星系会有少量的疏散星团和少量新形成的恒星，与以各种不同方向环绕星系的中心，已经成熟的恒星为主。它们的一些性质类似小了许多的球状星团。大部分的星系都是椭圆星系，许多椭圆星系相信是经由星系的交互作用，碰撞或是合并，产生的。她们可以长成极大的体积（与螺旋星系比较）而且巨大的椭圆星系经常出现在星系群的中心区域。宇宙中约有 10 亿个星系的中心有一个超大质量的黑洞，这类星系被称为"活跃星系"。类星体也属于这类星系。

旋涡星系。具有旋涡结构的河外星系称为旋涡星系，在哈勃的星系分类中用 S 代表．螺旋星系的螺旋形状，最早是在 1845 年观测猎犬座星系 M51 时发现的．螺旋星系的中心区域为透镜状，周围围绕着扁平的圆盘．从隆起的核球两端延伸出若干条螺线状旋臂，叠加在星系盘上．螺旋星系可分为正常漩涡星系和棒旋星系两种．按哈勃分类，正常漩涡星系又分为 a、b、c 三种次型：Sa 型中心区大，稀疏地分布着紧卷旋臂；Sb 型中心区较小，旋臂较大并较开展；Sc 型中心区为小亮核，旋臂大而松弛。除了旋臂上集聚高光度 O、B 型星、超巨星、电离氢区外，同时还有大量的尘埃和气体分布在星系盘上。从侧面看在主平面上呈现为一条窄的尘埃带，有明显的消光现象。漩涡星系通常有一个笼罩整体的、结构稀疏的晕，叫做星系晕。其中主要是星族 II 天体，其典型代表是球状星团。一个中等质量的漩涡星系往往有 100 ~ 300 个球状星团。随机地散布在星系盘周围空间。在往外，可能还有更稀疏的气体球，称为星系晕。漩涡星系的质量为 10 亿到 1 万亿个太阳质量。产生总光谱的主要天体既有高光度早型星，又有高

光度晚型星。星族Ⅰ天体组成星系盘和旋臂，星族Ⅱ天体主要构成星系核、星系晕和星系冕。

　　不规则星系没有一定的形状，而且含有更多的尘埃和气体，用IRR表示。另有一类用SO表示的透镜型星系，表示介于椭圆星系和旋涡星系之间的过渡阶段的星系。

旋涡星系

　　此外还有一类个子矮小的"矮星系"。这类星系不象大型星系那样明亮，但其数量非常多。银河系附近有许多矮星系，其数量比所有其它类型星系之和都多。在邻近的星系团中也已发现了大量的矮星系。其中一些形状规则，多半都含有星族Ⅱ的恒星；形状不规则的矮星系一般含有明亮的蓝星。

　　星系的形状一般在其诞生之时就已经确定了，此后一直都保持着相对稳定，除非发生了星系碰撞或邻近星系的引力干扰。

知识点

>>>>>

类星体

　　类星体是类似恒星天体的简称，又称为似星体或类星射电源，与脉冲星、微波背景辐射和星际有机分子一道并称为20世纪60年代天文学"四大发现"。

　　类星体虽类似恒星，然而在分光观测中，它的谱线具有很大的红

移，又不像恒星，因此称它为类星体。到 1993 年底，已确认 7383 个类星体。类星体的直径只有普通星系的十万分之一到百万分之一，还不到 1 光年，体积类似太阳，而它们自身的能量比一般星系能量大上千倍，是 20 万个太阳的能量总和。体积不大又怎么能提供如此之强大的能量呢？这到现在还是一个谜。

类星体是迄今为止人类所观测到的最遥远的天体，距离地球至少 100 亿光年。类星体是一种在极其遥远距离外观测到的高光度和和强射电的天体。类星体比星系小很多，但是释放的能量却是星系的 1000 倍以上，类星体的超常亮度使其光能在 100 亿光年以外的距离处被观测到。据推测，在 100 亿年前，类星体比现在数量更多，光度更大。

延伸阅读

星系天文学家之父哈勃

1898 年 11 月 20 日诞生在美国密苏里州的一个律师家庭。高中毕业后进入芝加哥大学天文系，1910 年毕业，获理学学士。同年前往英国牛津大学攻读法律，1912 年获文学学士，回国开办了一个律师事务所，不到一年，哈勃就放弃了这个职业，来到芝加哥叶凯士天文台，成为佛罗斯特的助手和研究生，1917 年获博士学位。

在此期间，美国名闻当代的天文学家海尔发现哈勃具有非凡的观测才能，以威尔逊山天文台台长的名义邀请哈勃去该台工作。哈勃欣然答应了。哈勃除了在一战和二战应征入伍参战外，始终在威尔逊山天文台工作。30 多年来，哈勃对 20 世纪天文学做出了许多不同凡响的贡献，被尊为一代宗师。

哈勃最大功绩是确认星系是独立于银河系之外，而与银河系相当的恒星系统。20 世纪初，天文学家用照相的方法发现了大量的漩涡星云，

这些旋涡星云大部分都很暗，只有仙女座大星云等少数星云比较亮，因此天文学家对它们进行了研究。有人说仙女座大星云是银河系内的天体，又有人说是银河系外的天体，争论不休。1923 年到 1924 年，哈勃用 2.5 米望远镜将仙女座大星云的边缘部分分解成了单颗恒星，并测量了它们的距离。以无可争辩的事实证明仙女座大星云超出了银河系的范围，它是距我们 220 万光年像我们银河系一样的另一个星系。这标志着空间中物质分布的宇宙岛观念已经确立。1926 年，哈勃根据星系的形状等特征，系统地提出星系分类法，这种方法一直沿用至今。他把星系分为三大类：椭圆星系、旋涡星系和不规则星系。旋涡星系又可分为正常旋涡星系和棒旋星系。

1953 年 9 月 28 日，哈勃在准备前往帕洛玛山天文台观测时因患脑血栓突然病逝，享年 64 岁，在他身后留下了一长串与他名字相连的天文术语：哈勃隐带、哈勃分类法、哈勃序列、哈勃光度定律、哈勃光度轮廓、哈勃常数、哈勃图、哈勃半径等等，就像一串闪光的足迹记录了哈勃光辉的一生。

哈勃开辟了河外星系和大宇宙的研究，被誉为"星系天文学之父"。为了纪念这位自伽利略、开普勒、牛顿、赫歇尔时代以来的最伟大的天文学家，人们将 1990 年 4 月送入太空的第一架光学望远镜命名为"哈勃空间望远镜"。

167

形状各异的"星云"

除一个个星系组成的星系团外，科学家还发现了形状各异的星云。

1758 年 8 月 28 日晚，法国天文学家梅西耶在巡天搜索彗星的观测中，突然发现一个在恒星间没有位置变化的云雾状斑块。他觉着这块斑的形态很像彗星，但它与恒星之间没有位置变化，显然又不是彗星。后来，梅西耶陆续发现了许多类似的天体，并把它们详细地记录下来，这些都是后来所说的星云。其中第一次发现的金牛座中的云雾状斑块被列为第一号。

云雾状的星云在宇宙中飘飘荡荡，它们的形状各异，千姿百态。从形态上来划分，星云可分为弥漫星云、行星状星云和超新星剩余物质星云；从发光性质来划分，星云可分为暗星云和亮星云。

弥漫星云是一种非常巨大但又非常稀薄的星云，它的外形都呈不规则的形状，没有明显的边界。

我们银河系中的大犬座星云就是弥漫星云。

星　云

行星状星云呈环状，就像天使头上的光圈。已到晚年的小质量恒星爆炸时，它的外层物质被抛射出来，然后不断膨胀，环绕在它的周围，这就形成了行星状星云。

超新星剩余物质云，是由超新星爆发喷出来的物质所形成的不断扩大的星云。11世纪，中国天文学家记载了金牛座中的一颗"星星"。实际上，它不是古人所想的那种恒星，它的外形很像一只螃蟹，因此被称为蟹状星云。这是目前发现的最著名的超新星剩余物质云。

星云有淡薄和浓密的区别。淡薄的星云后面的光很容易通过，而如果比较浓密，就会遮住后面的星光。特别黑暗的部分可以使用望远镜照相，照出以恒星为背景的黑云状物质，这种气体云叫黑暗星云。

星云有时看起来是黑暗的，但有时又可以成为发光体，像这样发光的气体我们叫它亮星云。它之所以会发光主要和它旁边的亮星有关，它不但可以散发星光，而且受恒星光和热的作用，导致其中的分子和原子也会发光。

知识点

星系团

　　星系团是指由几十个到几千个彼此有一定联系的星系组成的集团。从星系中发现靠近星系团的中心有凝聚现象，在它的附近常常有它的最亮最大的成员星系。有两个星系在一起的叫做双重星系。有3个以上的星系在一起的叫多重星系。有时，把不超过100个星系组成的星系团，叫星系群。平均而言，每个星系团包含有130个星系，但有的却有上千个。星系团按形态可分为规则星系团和不规则星系团。规则星系团大致呈球形，它有一个星系非常密集的中心区。不规则星系团结构松散，没有一定的形状，也没有明显的星系集中区。据认为，由于在大量的星系团中，有许多尘埃，在那儿，它把比较遥远的星系团屏蔽起来，不让我们看见它们。距离我们最近的有室女座星系团，后发座星系团和北冕星系团等。室女座星系团包含1000多个星系，距离约7000万光年；后发座星系团也包含1000多个星系，距离我们大约4亿光年，北冕座星系团只包含4000个星系，距离我们大约是12亿光年。

延伸阅读

银河系的形成

　　银河系的物质密集部分组成了一个圆盘，这个圆盘好像一个扁平的盘子，我们称其为银盘。银盘中心隆起的球形部分叫银河系核球。核球中心有一个很小的物质高度集中的区域，叫做银核。银盘外面是一个范围广大，

近乎球形的结构，叫做银晕。银晕外面还有银冕，银冕也大致成球形。

银河系大概是这样形成的，大约在 100 亿～200 亿年之前，在漫无边际的宇宙深处，有一个庞大的星系际云块，它一边自转，一边收缩，在收缩过程中分裂成了 3 个云块，一个大云块和两个小云块。其中那个大云块就形成了银河系。在气体密度高的中心附近，气体云进一步分裂成许多微小的云块，这些微小的云块逐渐形成了恒星，开始在宇宙空间发光。在外侧，气体云和尘埃没形成恒星，由于银河系整体的自转而逐渐落向银河系的自转面，从而形成了目前的银盘。但这些外侧气体仍在相互碰撞着，逐渐演变成包围中心的薄圆盘。

不断膨胀的宇宙

1929 年美国天文学家哈勃根据"所有星云都在彼此互相远离，而且离得越远，离去的速度越快"这样一个天文观测结果，得出结论认为，整个宇宙在不断膨胀，星系彼此之间的分离运动也是膨胀的一部份，而不是由于任何斥力的作用。

为什么说星系之间会越来越远呢？直接的证据就是光谱的红移。光也是一种波，同声波一样，也具有多普勒效应。天体朝向地球运动，它发出的光的波长变短；背离地球运动，光的波长变长。不同的波长对应不同的颜色。光的波长变长，颜色向红色一端偏移；波长变短，颜色向蓝色一端偏移。前者被称为"红移"现象，后者被称为"蓝移"现象。

在实际观测中，星系的光谱上夹杂有好些暗线，称为吸收谱线，它们是天体所含有的各种元素吸收了对应位置的色光所留下的空缺。一般来说，每种元素都有各自的特征谱线，天文学家把观测得到的某个天体的光谱与标准光谱进行对比，不难发现某种元素的吸收谱线与其本来应该在的标准位置的偏移，从而根据多普勒效应推断出该天体的运动速度。哈勃测量的结果发现，远处星系的吸收谱线普遍向红端偏移，而且越远的星系红移量越大，也就是说远离地球的速度就越大。

此外，美国天文学家还首次直接观测到了一颗"造父变星"的直径变

化，从而更精确地测量各星系与地球的距离，推算宇宙的膨胀率。"造父变星"是亮度会发生周期性变化的一类恒星，北极星就是其中之一。据认为，这类恒星会像做"深呼吸"一样不断膨胀与收缩，产生光变。观测发现，"造父变星"的光变周期与其真实亮度即绝对光度有关，因此从地球上观测到的亮度同它们与地球的距离相关。如果得知一颗"造父变星"与地球间的确切距离，利用其它"造父变星"的绝对光度数据，就可以推算出这些变星的距离，从而确定它们所在的星系与地球的距离。而星系距离正是计算宇宙膨胀率的基础。

美国加州工学院帕洛马天文台的科学家在最新出版的《自然》杂志上发表报告说，他们采月"光学干涉测量"技术，使两台小型望远镜发挥一台大型望远镜的效果，直接观察到了"双子座泽塔"造父变星的膨胀与收缩。"双子座泽塔"是迄今发现的最亮的造父变星之一，离地球约 1000 光年。利用它的尺寸变化与亮度数据，就能直接计算它与地球的确切距离。

2011 年诺贝尔物理学奖的研究成果就是宇宙膨胀理论，从而表明宇宙正在膨胀！

知识点

红移现象

复色的光通过棱镜等分光仪后，能分解出许多单色的光。这些单色光按照波长的大小顺次排成的光带，叫做"光谱"。日光的光谱是红、橙、黄、绿、蓝、靛、紫七色，红色光的波长最长，紫色光的波长最短。如果一个天体的光谱出现向红波端位移，天文学上就称之为"红移"。

通常认为一颗恒星发出的光线的光谱向红光光谱方向移动，证明它正远离我们而去。由于这一现象最早是由美国天文学家哈勃发现的，人们便将这一普遍规律称为"哈勃定律"。

20世纪60年代，天文学家发现一种新型的天体，它在照相底片上具有类似恒星的像，但它的光谱显示，它不是恒星也不是星云，而且还会发射出很强的无线电波。后来，天文学家把这类天体叫做"类星体"。它的显著特点是，正在以飞快的速度远离我们而去，因此具有很大的红移。

这类天体距离我们都很远，大约在几十亿光年以外，甚至更远。尽管距离远，可看上去它的光学亮度却不弱，比正常星系亮1000倍，可谓宇宙间最明亮的天体。天文学家认为，类星体是一种难解的天体，它具有许多奇特的现象，如红移之谜，超光速的移动，如果能解决关于它的所有问题，我们在天文学上的认识将向前跨越一大步。

延伸阅读

寒冷的宇宙空间

在很久很久以前，宇宙的温度大概有10 000亿摄氏度以上，可是，现在宇宙空间的温度已经低到-270℃。摄氏零度水成冰了，-270℃可真算是冷极了。

为什么宇宙空间这么寒冷呢？因为宇宙现在正在膨胀。由于气体有一种性质，它在膨胀的时候，只要不给它加热，它的温度一定降低。这样一来，宇宙空间的温度就越来越低了。但是，这个温度是星系与星系之间的空间温度，不是说宇宙中什么地方都是这样。在有些地方，比如在太阳上，在恒星上，温度都是很高的，有几千摄氏度，甚至几万摄氏度。

可是我们知道宇宙实在是太大了，而且它还在不断变大，虽然有那么多发光发热的天体，可宇宙空间显得还是太空了。尽管有那么多恒星在发光发热，却不能抵挡住宇宙之间的黑暗和寒冷，哪怕是把那里的温度升高1℃都办不到。现在宇宙还在膨胀，将来宇宙也许会收缩。到那时，宇宙的温度就会上升了。

畅游天文世界

恒星也会大爆炸

现代天文学已证实，当恒星内部的氦聚集到一定程度时，恒星会迅速变成一个巨大的红星球。这时，恒星内部的温度进一步升高，内部的核反应再次复活，氦聚变成更重的碳原子，最终聚变成铁原子。在形成铁的过程中，恒星受到由外向内的巨大压力，由内向外的反作用力则使恒星发生剧烈爆炸。著名的蟹状星云、古姆状星云及幕状星云都是恒星爆炸后的遗留产物。并由这些恒星大爆炸生成新星。科学家把质量是太阳质量十倍以上的大质量恒星在晚年发生激烈的、粉碎性的爆炸称为恒星大爆炸现象。

有些恒星的视星等不到 6 等，人的眼睛不能直接看到，可是突然间，它的亮度会增加数千倍、甚至几万倍，成为一颗很明亮的星，这就是新星。这种恒星大爆炸现象向外抛射物质的速度最高可达 5000 千米/秒。在爆发后的几个小时内，新星的光度就能达到极大，并在数天内（有时在数周内）一直保持很亮，随后又缓慢地恢复到原来的亮度。

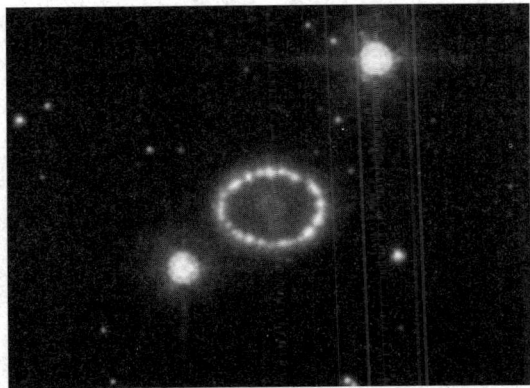

超新星

能变成新星的恒星在爆发前一般都很暗，肉眼看不到。然而，光度的突增有时会使它们在夜空中很容易被看到，因而对于观测者来说，这种天体就好像是新诞生的恒星，所以称之为"新星"。

大多数科学家认为，多数新星都存在于两颗子星靠得很近的双星系统中。这两颗子星的年龄不同，例如一颗是红巨星，一颗是白矮星。在某些特定情况下，红巨星会膨胀到另一颗子星——白矮星的引力范围以内。这样，引力场很强的白矮星就会把红巨星外层大气中的某种物质吸引过来。这种物质

在白矮星表面积累到一定程度以后，就会发生核爆炸，也就是新星爆炸现象。爆炸后，白矮星又恢复平静，但引起爆炸的过程则一直重复下去。

超新星是恒星世界里最厉害的爆炸，它的光亮会比原来猛增千万倍、甚至上亿倍。一颗超新星爆炸时释放出来的巨大能量可以抵得上几千万颗新星的总和，所以称之为超新星一点都不为过。从表面上看，超新星只比新星爆炸的规模大而已。实际上它们有着本质的不同，新星只是表面的爆炸，超新星是恒星演变到最后阶段，整个星体发生了爆炸。爆炸一般会产生两种结果，一种是将恒星物质完全抛撒，成为星云遗迹；一种是抛射掉大部分质量，遗留下来的内部物质坍缩成白矮星、中子星或黑洞，从而进入恒星演化的晚期。

知识点

白矮星

现代恒星演化理论认为，白矮星是一种晚期的恒星，是在红巨星的中心形成的。红巨星的内核不断收缩，越来越热，最终内核温度超过 1 亿℃，导致氦聚变成碳。经过几百万年，氦核燃烧殆尽，恒星的结构变得更加复杂了——中心是一个碳球，外面裹着氦层，最外面是以氢为主的混合物构成的外壳。慢慢地，红巨星内部活动变得更加剧烈、复杂，外部半径时大时小，最后成为一颗巨大的火球。此时，恒星核心的密度已经增大到每立方厘米 10 吨左右，一颗白矮星（在原来恒星的核心）已经诞生了。

白矮星之所以得其名，是因为最早发现的几颗都呈白色。白矮星的特点是光度很低、个子小、温度高、密度大，内部压力也非常大。白矮星总数不超过整个天空恒星数的 10%，现已发现 1000 多颗，平均密度接近水的 100 万倍。

延伸阅读

漂亮的红巨星

现代恒星演化理论认为，当一颗恒星度过它漫长的青壮年期，步入老年期时，首先将变成一颗红巨星。"红巨星"这个名字，能够很形象地表示出恒星当时的颜色和体积。当恒星处于红巨星阶段时，体积将膨胀十亿倍之多。在它迅速膨胀的同时，它的外表面离中心越来越远，所以温度将随之而降低，发出的光也就越来越偏红。

红巨星是怎样形成的呢？我们知道，所有处于壮年阶段的恒星都像太阳一样，其内部不断进行着核聚变。核聚变的结果，是把每四个氢原子核结合成一个氦原子核，并释放出大量的原子能，形成辐射压。此时的恒星，其辐射压与自身收缩的引力处在一个平衡状态。当核聚变消耗掉大部分氢时，恒星内部的平衡被打破，中心形成一个氦核，并不断集聚，而周围的氢在燃烧中向外推进，这样便形成了内核收缩、外壳迅速膨胀的红巨星。球状星团中普遍存在红巨星，许多球状星团中最亮的星就是红巨星。

175

有一种天体称黑洞

黑洞就像一个谜，没有人能看见它。但黑洞强大的吸引力会影响它附近的天体，这些天体在被黑洞吸引、吞没的过程中，会发出 x 射线或 γ 射线，而一旦落入黑洞，便无影无踪。科学家就是通过观测这些射线，发现了黑洞的蛛丝马迹。例如，天鹅座 X—1 的伴星可能就是一个黑洞。

黑洞是宇宙中最神秘的物体，所以叫它黑洞，是因为它们本身不会发出任何可见光。虽然它们曾经是宇宙中最明亮的物体，但当它们在生命结束时的爆发中抛却了明亮的外壳，只留下了超压缩的内核。这个内核的引力极其强大，以致于光也不能从它那里逃逸。所以也就不会有人看到它。

黑 洞

黑洞虽然体积很小，但密度却大得惊人，每立方厘米就有几百亿吨甚至更高。由于它的密度大，所以引力也特别强大。不管什么东西，只要被它吸进去，就别想"爬"出来。由于黑洞本身不发光，所以用任何强大的望远镜都看不见黑洞。

那么黑洞又是怎么形成的呢？当大质量的恒星演变到晚年，经过超新星爆发，就有可能坍缩成黑洞。科学家认为，它的核一般会坍缩成中子星，但如果这个核的质量特别大，就会进一步收缩成黑洞。处于此阶段的恒星具有巨大的引力场，使得它所发射的光和电磁波都无法向外传播，变成看不见的孤立天体，人们只能通过引力作用来确定它的存在，所以叫"黑洞"，也叫"坍缩星"。在宇宙早期，也会形成一些小黑洞。小黑洞的体积只有原子核那么大，质量却和一座山差不多，达到上亿吨，里面蕴藏具大的能量。

黑洞的巨大引力甚至扭曲了空间和时间。物理学的定律在黑洞的中心失去了任何意义。没人可以看到黑洞的内部，但数学家却可以证明。计算的结果可能大大出乎人们的想像。爱因斯坦把空间比喻成一个有弹性的平面，比如说像气球皮。如果把一个球放到这个平面上，它就会出现一个凹陷。球越重越大，凹陷也越深。人们把这形象地称为引力井。如果物质被引力吸入井中，它将永远告别这个宇宙，而可能以另外的形式出现在井的那一端。

黑洞是看不见的，只有当它靠近另一颗恒星，才会露出端倪；或者我们直接从那些明知是双星却又找不到另外一颗的地方去探索。如果算出这类恒星的质量比太阳大得多，又有很强的 X 射线发出，就有可能是黑洞了。

知识点

中子星

中子星，又名没霎，是恒星演化到末期，经由重力崩溃发生超新星爆炸之后，可能成为的少数终点之一。简而言之，即质量没有达到可以形成黑洞的恒星在寿命终结时塌缩形成的一种介于恒星和黑洞的星体，其密度比地球上任何物质密度大相当多倍。

中子星的密度为 10^{11} 千克/立方厘米，也就是每立方厘米的质量竟为 1 亿吨之巨！事实上，中子星的质量是如此之大，半径十公里的中子星的质量就与太阳的质量相当了。

同白矮星一样，中子星是处于演化后期的恒星，它也是在老年恒星的中心形成的。只不过能够形成中子星的恒星，其质量更大罢了。根据科学家的计算，当老年恒星的质量大于 10 个太阳的质量时，它就有可能最后变为一颗中子星，而质量小于 10 个太阳的恒星往往只能变化为一颗白矮星。

但是，中子星与白矮星的区别，不只是生成它们的恒星质量不同。它们的物质存在状态是完全不同的。

延伸阅读

星球之间的吞食

天文学家曾预言：如果有两颗星球彼此靠得十分近，那么其中一颗就可能被另一颗吞食掉。现在，这种天文现象已经被科学家的观测所证实。

原来，宇宙中的星球有很多是两颗星相互绕转。星球吞食现象，大多

发生在靠得很近相互绕转的双星中。双星之间互相吸引，两者距离较近，在轨道上运行速度不断加快。当这种现象到一定程度，其中一颗星开始膨胀，它的内层就会向外层延展，这对于它的伴星来说，犹如一张大网，只要伴星向网靠拢一步，就会被其俘虏，在天文学家的眼中，这颗伴星就被吞食了。被吞食的星球，从此就失去了能量，在这两颗星球周围就会出现一个圆环或行星状星云。不仅星球之间互相吞食，星系之间也会相互吞食。这些现象天文学家用射电望远镜都曾观测到并有记载。

可见，在天体之间的"吞食"现象也会经常发生。

类星体的特点

19 世纪初，天文学家发现了"变星"，引发人们的好奇心。到 20 世纪 60 年代，类星体的发现，又引起了一阵观测类星体的热潮。60 年代末期，在一次大规模集中搜寻中，就发现了 150 个类星体。到 70 年代末，已观测到的类星体就超过了 1000 个。据估计，我们能够观测到的类星体至少数以万计。迄今，人们虽仍未弄清楚类星体真正的身份，对其热衷程度却未减，哈勃望远镜等重要的当代天文设备，都以观测类星体为其重要任务之一。

总结起来，类星体大致有如下特点：

1. 类星体在照相底片上呈现类似恒星的像，即星状的小点，这表示它们的体积较小。极少数类星体被暗弱的星云状物质所包围，如 3C48；另有些类星体会喷射出小股的物质流，例如 3C273。

2. 类星体光谱中有许多强而宽的发射线，最常出现的是氢、氧、碳、镁等元素的谱线。氦线一般非常弱或者没有，这表明类星体中氦元素含量很少。现在一般认为，类星体光谱的发射线产生于一个气体包层，产生的过程与普通的气体星云类似。光谱发射线很宽，说明气体包层中一定存在强烈的湍流运动。有些类星体的光谱是有很锐的吸收线，说明产生吸收线的区域内湍流运动速度很小。

3. 类星体发出很强的紫外辐射，因此颜色显得很蓝，所以非射电源类星体也被称为蓝星体。光学波段的辐射是偏振的，具有非热辐射的特性。

此外，类星体的红外辐射也非常强。

4. 类恒星射电源发出强烈的非热射电辐射。射电结构一般呈双源型，少数呈复杂结构，也有少数是非常致密的单源型。致密单源的位置基本与光学源重合。

5. 类星体一般都有光变。大部分类星体的光度都在几年里发生明显变化，也有少数类星体的光变非常剧烈，在几个月甚至几天里光度变化就很大。类星射电源的射电辐射也经常发生变化。光学辐射和射电辐射的变化并无明显周期性。

6. 类星体光谱的发射线都有巨大的红移。红移最大的类星体，发射谱线波长能够扩大好几倍。对于有吸收线的类星体，吸收线的红移程度一般小于发射线的红移。有些类星体有好几组吸收线，分别对应于不同的红移，称为多重红移。

7. 一些类星体还发出很强的 X 射线。

知识点 >>>>>

179

变 星

在广阔无垠的宇宙中，有一种很特别的恒星，它的亮度常常发生变化，忽明忽暗，天文学上把这种亮度不定的恒星叫做"变星"。到目前为止，天文学家们已发现了两万多颗变星。按光变的起源和特征，可将变星划分为3大类：食变星、脉动变星和爆发变星。

食变星实际上是一对双星，两颗星互相绕转，相互遮掩，使亮度不断变化。双星大陵五可能是最具有代表性的食变星。另外两种类型的变星和食变星不同，它们都是自身变光的变星。脉动变星大多是处在崩溃边缘的老年恒星，由于它的星体时胀时缩，亮度也就时暗时明。爆发变星中包括新星、超新星等，它们突然爆发，亮度迅猛增加，但持续的时间短，随后又缓慢变暗。

地球经不起碰撞

科学家们认为，与直径大于 1 千米的小行星碰撞将导致全球性灾难，在小行星撞击地球表面时，一切位于落点周围半径 200～2000 千米范围内的东西都将毁灭。火灾将笼罩更广大的地区，数量巨大的灰烬和尘土将被抛入大气层中，天地一片昏暗，太阳光将不能到达地球表面，地球温度急剧下降，大部分喜爱温暖的植物和动物将会灭绝，植物的光合作用也将停止。几年后，当尘埃最终落定，阳光重新照耀大地时，由于冲击导致大气层中二氧化碳大量增加而产生温室效应。地面温度升高，结果引起两极冰川的融化，随后造成大部分陆地上洪水泛滥。除了大气层性质的变化外，由于直径 1 千米的小行星坠落，地球的磁场将遭到破坏，地质构造发生改变，火山的活动性增加。许多科学家相信，6500 万年前一颗小行星撞击地球，是导致恐龙灭绝的原因。

如果小行星坠落到海洋，一场巨大的海啸发生，滔天巨浪冲上陆地，地球上海岸边的所有生物几乎马上就会死亡。进入大气层中的水分将完全改变大气层的循环。大气层的破坏将比陨石坠落到陆地上更为可怕。

即使是直径只有 100 米的小行星，无论它坠落到哪个城市，都会使整个城市从地球上消失。而直径小于 100 米的小行星是最难发现的！对于人类来说，主要的危险正是来自它们。

为了对付可能撞向地球的小行星，科学家们提出了一些方案，其中最有名的是俄罗斯科学家提出的"堡垒"方案。即在发现了危险的小行星以后，先利用航天器侦察和确定危险目标的轨迹、体积、形状及其它特征，然后发射带有核弹的拦截器摧毁这个小行星或改变其轨迹，不过，在使用核武器方面还存在一些问题。因为地球上所有积累起来的核武器只够用来炸毁一个直径 9 千米的小行星，而且得准确击中行星中心才行。此外，在宇宙中进行核爆炸的后果也难以预料。因此，人们也在考虑其它对付小行星的方案，

例如使用激光或铅锭等。

把星系比作岛屿的设想

如果把宇宙比作海洋，那么星系就好比是岛屿，宇宙岛的概念就这样产生了，它是对星系的另一种称呼。

16世纪末，意大利思想家布鲁诺推测恒星都是遥远的太阳，并提出了关于恒星世界结构的猜想。到了18世纪中叶，测定恒星视差的初步尝试表明，恒星确实是远方的太阳。这时，就有人开始研究恒星的空间分布和恒星系统的性质。1750年英国人赖特为了解释银河的形态，即恒星在银河方向的密集现象，就假设天上所有的天体共同组成一个扁平的系统，形状如磨盘，太阳是其中的一员。这就是最早提出的银河系概念。1755年德国哲学家康德在《自然通史和天体论》一书中，发展了赖特的思想，明确提出"广大无边的宇宙"之中有"数量无限的世界和星系"，这就是宇宙岛假说的渊源。

在赖特和康德前后，还有许多天文学家都发表了同样的见解。可是，当时人们把银河星云和河外星云（即星系）都当作星系，而且对银河系本身的大小和形状也没有正确的认识。因此，宇宙岛这个假说在170年间有时被承认，有时被否定；直到1924年前后，测定了仙女星系等的距离，确凿无疑地证明在银河系之外还有其他的与银河系相当的恒星系统，宇宙岛假说才得到证实。

宇宙岛这一名称，据考证，最初出现在德国博物学家洪保德的著作《宇宙》第三卷中，因为它形象地表达了星系在宇宙中的分布，后来就被广泛采用。另外还有"恒星宇宙"和"恒星岛"等名称，都是"宇宙岛"的同义语。

宇宙岛，是人们对星系极其形象的称呼。在宇宙大爆炸之后的膨胀过程中，分布不均匀的物质受到引力的作用逐渐聚集而形成一个个星系，即宇宙岛。1755年，德国哲学家康德提出宇宙中有无限多星系的观点，这就是宇宙岛假说的渊源。天文学家通过观测，看到许多雾状的星云，便猜测

它可能是由很多恒星构成的，只是离得太远，人们无法一一分辨出。后来，英国天文学家赫歇尔发现许多星云可分解成恒星群，而另一些星云无法分解，于是他提出了星系并非宇宙岛的观点。到了 20 世纪，科学家们经过精确的测量和论证，才把河外星系定名为宇宙岛。

1977 年，美国普林斯顿大学奥尼尔博士发表《宇宙移民岛》一书，描绘了向宇宙空间移民的宇宙城的建设方案。他设想在宇宙空间中的地球和月球引力所及的范围内，建设巨大的宇宙移民岛，成为人类移居的第二故乡。

这种宇宙岛在太空中以一定速度旋转，产生向心力以模拟地球的重力。岛内培植土壤，加上入射的阳光，形成人造生态系统。宇宙岛上的活动依赖太阳能，充分利用失重状态和日光，建立宇宙工业，成为宇宙城的基础。

当然这只是一种美好的设想，有如我们寻找的外星人。

知识点

外星人

外星人是人类对地球以外智慧生物的统称。古今中外一直有关于"外星人"的假想，在各国史书中也有不少疑似"外星人"的奇异记载，但现今人类还无法确定是否有外星生命，甚至是"外星人"的存在。2011 年 4 月初，美国联邦调查局最新披露的一段奇特备忘录证实，在 1950 年之前曾有外星人着陆美国新墨西哥州。

外星人的报道时常见诸报端，很多人声称见过飞碟，甚至见过外星人，同时他们也拍到了各种各样的有关飞碟的照片。据自称见过外星人的人们描述，他们所见到的外星人大多是一些个子矮小，脑袋圆大、嘴巴窄长如裂缝、身穿紧身衣的类人生物。

另一些人则热心于寻找外星人在古代留下的痕迹。他们认为撒哈拉沙漠壁画上人物的圆形面具、复活节岛和南美的巨石建筑以及金字

塔等种种无法解释的史前奇迹都与外星人有关。还有的学者提出人类是外星人的后裔，或人类中一些民族（如玛雅人）是外星人与地球人交配的后裔等种种观点。但这些也只能作为猜测和假说，其中大多数仍缺少足够的证据。

延伸阅读

可能存在的外星文明

虽然我们推测在宇宙中存在着许许多多的外星文明，但是他们为什么不与人类建立直接联系，而让人类做着可能是无益的努力呢？我们能找到这些宇宙兄弟吗？也许他们也在寻找我们，但是由于同样的原因被阻挡在远方。这些原因可能是：

1. 距离遥远。庞大的宇宙空间使相互联系异常困难。据推测，在银河系中，最大的可能结具是500个恒星产生一个外星文明，这样，我们只有找到501个恒星才有可能找到外星文明，根据恒星密度，500个恒星所占空间半径为35光年，这意味着最近的外星文明可能在35光年以外，我们向那儿发一个信号，最快也要70年后才能收到回音。

2. 频谱隔离。我们使用电磁波和外星联系，但是由于电磁频谱极宽，我们也不知道他们使用何种频谱。

3. 文明发展度。由于存在着不同类型的文明，假如对方是高度发达的文明社会，达到Ⅱ、Ⅲ型文明，那么他们就可能对我们不屑一顾，避而不见。如果对方的文明程度比我们低，他们也无法和我们相互联络。

4. 其他生命形式。我们考虑的都是与地球文明相似的文明，但如果有其他生命形式呢，比如硅人，比如科幻小说中的蜘蛛人、小绿人，它们就无法和我们交流。并且假如它们是采用我们所未知的形式存在的话，我们也只好永远对它们保持未知。